インスタ思考法2.0

Instagram thinking method

Instagramでファンを生み出す最強の思考法

坂本翔
SHO SAKAMOTO

技術評論社

introduction

はじめに

「インスタ思考法2.0」を手に取っていただき、ありがとうございます。

本書は、2019年に出版され、多くの方に支持いただいた「Instagramでビジネスを変える最強の思考法（インスタ思考法1.0）」の続編となります。「インスタ思考法1.0」の内容を覆すものではなく、「インスタ思考法1.0」の内容を前提としつつ、考え方をアップデートするものです。

4年以上の歳月を経て、Instagramは今もなお、多くの人がメインのソーシャルメディアとして利用するプラットフォームであり続けています。

Instagramは単なるソーシャルメディアの1つではなく、人々の生活に深く根付いており、その人が何を着るのか、何を食べるのか、どこに行くのか、誰と過ごすのか、そのような

「人の価値観」に強く影響を及ぼしています。

そんなInstagramをビジネスに取り込まない選択肢はありません。本書では「Instagramでファンを生み出す最強の思考法」と題して、各章で次のような内容をお伝えします。

第1章では、フォロワー数は重要ではないことや、ファンを生み出しファンを大切にすることの重要性など、本書を読み進めていただくうえで必要となる、基本的な考え方についてお伝えします。

第2章では、運用前に準備しておいていただきたい内容をまとめています。

第3章ではInstagramの仕組み（アルゴリズム）について、第4章では「インスタ思考法2.0」に則した投稿コンテンツの作成方法について、第5章では運用の補助的に活用することになるキャンペーンと広告について、それぞれ解説します。

そして、第6章では、本書でもっともお伝えしたい内容を記載します。「無自覚なインフルエンサー」「発信する消費者」「1I4A（ワンアイフォーエー）」「アクティブサポート」「UGC」など、本書のキーワード、かつ、これからの時代に必要な考え方です。

Instagramをはじめとするソーシャルメディア運用は、目標設定を行い、それに向かって運用し、運用結果を分析したうえで改善案を立て、それをもとに運用を行う。本来は、これの繰り返しです。

しかし、この流れが実施できておらず、目標を立てずに〝なんとなく運用〟していたり、運用後に分析をせず〝運用しっぱなし〟という状態のアカウントが圧倒的に多いのが現状です。それではアカウントは成長しませんし、目標も達成できません。

さまざまな企業のソーシャルメディア運用を担当する私たちのもとには、そのような状態から抜け出したいというアカウントから日々ご相談をいただき、企業のソーシャルメディアに関するすべてを支援しています。その中で培った分析・改善手法について、最後の第7章では具体的な数値を示しながら解説します。

Instagramは、コンテンツを介したコミュニケーションによってファン作りをするツールです。広告宣伝のためのツールではありません。現代は、あらゆる産業でコモディティ化（消費者から見てどの会社のサービスも似たようなものに見える状況のこと）が起きています。広告宣伝ばかりしていては、消費者に自社を選んでもらうことができません。

企業はInstagramをはじめとするソーシャルメディアの運用によって人間的な側面を見せ、一方的かつ宣伝色の強いコンテンツ配信ではなく、双方向性のあるコンテンツ配信やコンテンツを介した会話を消費者と積極的に図っていく。それにより、企業やブランドの価値を高め、消費者をファン化させ、選ばれる状態を作っていく必要があるのです。

それでは、皆さんのInstagramにおける思考法を「2.0」へアップデートしていきましょう。

２０２３年12月　坂本　翔

第1章

インスタ思考法2・0の基本

第2章

インスタ思考法2・0の準備

第3章

アルゴリズムの思考法

第4章 投稿の思考法

第5章 キャンペーン・広告の思考法

第6章 コミュニケーションの思考法

第7章 分析・改善の思考法

本書に記載された内容は、情報の提供のみを目的としています。したがって、本書を用いた運用は、必ずお客様自身の責任と判断によって行ってください。これらの情報の運用の結果、いかなる障害が発生しても、技術評論社および著者はいかなる責任も負いません。
本書記載の情報は、2023年12月現在のものを掲載しています。ご利用時には、変更されている可能性があります。アプリやwebページなどの画面は更新や変更が行われる場合があり、本書での説明とは機能や画面などが異なってしまうこともあり得ます。アプリやwebページ等の内容が異なることを理由とする、本書の返本、交換および返金には応じられませんので、あらかじめご了承ください。

以上の注意事項をご承諾いただいた上で、本書をご利用願います。これらの注意事項に関わる理由に基づく、返金、返本を含む、あらゆる対処を、技術評論社および著者は行いません。あらかじめ、ご承知おきください。

第1章

インスタ思考法2.0の基本

01

Instagramで「深いインプット」を提供する

本書『インスタ思考法2.0』は、2019年に筆者が執筆した『Instagramでビジネスを変える最強の思考法』（以下「インスタ思考法1.0」）の続編とも言える内容となっています。「インスタ思考法1.0」で伝えたかったテーマの1つに、「集客の本質」があります。**「集客の本質」とは、ターゲットユーザーの中でニーズが顕在化したとき、一番に思い出してもらうことで購買行動へとつなげることができる**、という考え方です。

Instagramをはじめとするソーシャルメディアに、わざわざ宣伝されに来たり、広告を見ることを目的に訪れたりするようなユーザーは、そもそも存在しません。ユーザーのITリテラシーも上がり、自分の目に入る情報が広告なのか、そうでないのかは瞬時に判別されるようになりました。その結果、広告という手法自体が効きづらくなってきています。

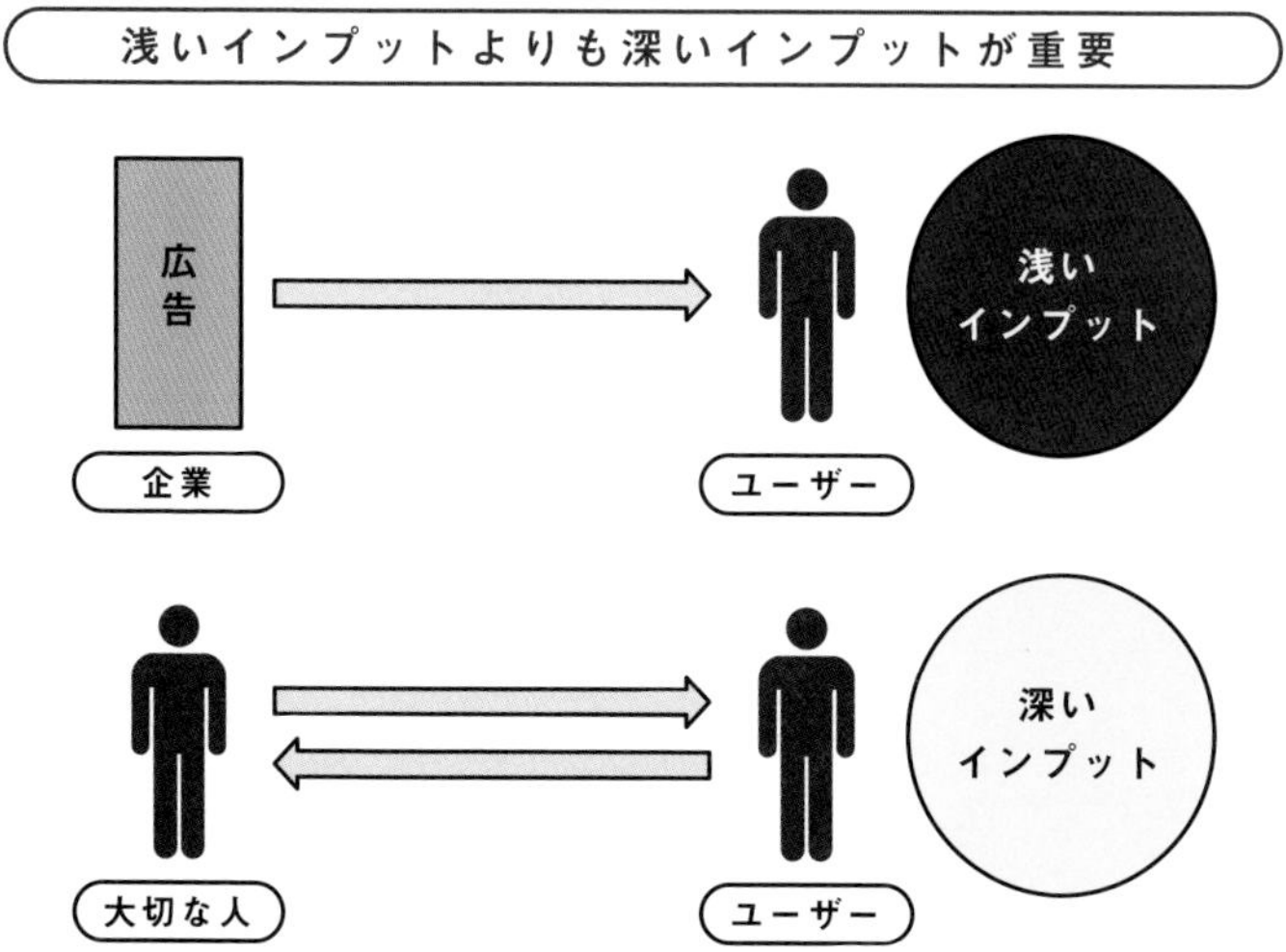

ニーズが顕在化したとき、ユーザーが思い出すのは企業の広告ではありません。ユーザーが思い出すのは、リアルな場で耳にした家族や友人の言葉だったり、ソーシャルメディアで見かけた信頼できるインフルエンサーの投稿だったり、同じ趣味を持つフォロワーどうしの会話だったりします。「必要」と感じたときに思い出してもらうために重要なのは、広告程度の浅いインプットではなく、**大切な人との「コミュニケーション」を介した、深いインプット**なのです。

02 Instagramでは「広告に頼らない戦略と運用」が重要

ユーザーに「思い出してもらうための手法」として、かつてはテレビCMや新聞広告、折り込みチラシが有効でした。しかし、テレビが見られなくなり、新聞が読まれなくなった今、それを行うのはソーシャルメディア、とりわけInstagramの役割になります。

前述の通り、思い出してもらうために必要な深いインプットは、広告という手法では実現できなくなっています。そこで、広告に頼らない手法をベースとしたコミュニケーションありきのInstagram戦略と、その戦略に基づいたコンテンツの運用が必要になるのです。

それは、宣伝をして目先の利益だけを求める短期的な運用ではなく、中長期の目線で、ギブの精神を持って、自分をフォローしてくれているフォロワーの役に立つようなコンテンツの配信です。それも、誰もが共感できる浅いコンテンツではなく、「自分に向けて発信されている」と思えるような、人によっては興味の有無が分かれるようなコンテンツがよいでしょう。また、Googleなどで検索すれば出てくる情報ではなく、自分の体験が乗っている形での発信が理想です。そのためには、運用者側の人間味やキャラクター性を出すことも必要になってきます。

▼Instagramの「本来の役割」を理解する

現在、Instagramの公式サイトのトップには「コミュニティ作りを応援し、人と人がより身近になる世界を実現します」と書かれています。ここからわかることは、**Instagramは「コミュニティ作りを支援するプラットフォーム」**であって、決して「商品やサービスの宣伝をするために作られたプラットフォーム」ではないということです。ところが実際の現状は、そのことに気づいていない企業が大勢を占めています。

例えば「商品やサービスを宣伝するためにInstagramの企業アカウントを開設しました」といった、最初から宣伝目的でInstagramを運用しようとしている企業。「フォロワーやエンゲージメントが増えないので、それを広告で補っています」といった、広告をかけることが前提となっている企業アカウント。「特に日々の投稿はしていないけれど、新商品リリースの度に広告予算をInstagramに回しています」といった、片手間で運用しつつInstagramを1つの宣伝ツールとしてしか捉えていない企業。そんな、Instagramの本来の役割を理解することなく、惰性で運用している企業がほとんどなのです。

Instagramをはじめとするソーシャルメディアは、「多くの人に自分たちの情報を届けることのできるツール」というイメージが定着しています。しかしソーシャルメディアは本来、自分と同じ属性、趣味嗜好の人とつながり、コミュニケーションを行うためのツールであるはずです。そして、こうしたコミュニケーションを介して「コミュニティを作る」ということこそが、「Instagramを広告目的で使い、不特定多数の人へ届ける」というマス的な考え方の対極に位置する、**「本当に届けたい人に届けられればＯＫ」**という、一見ニッチにも思

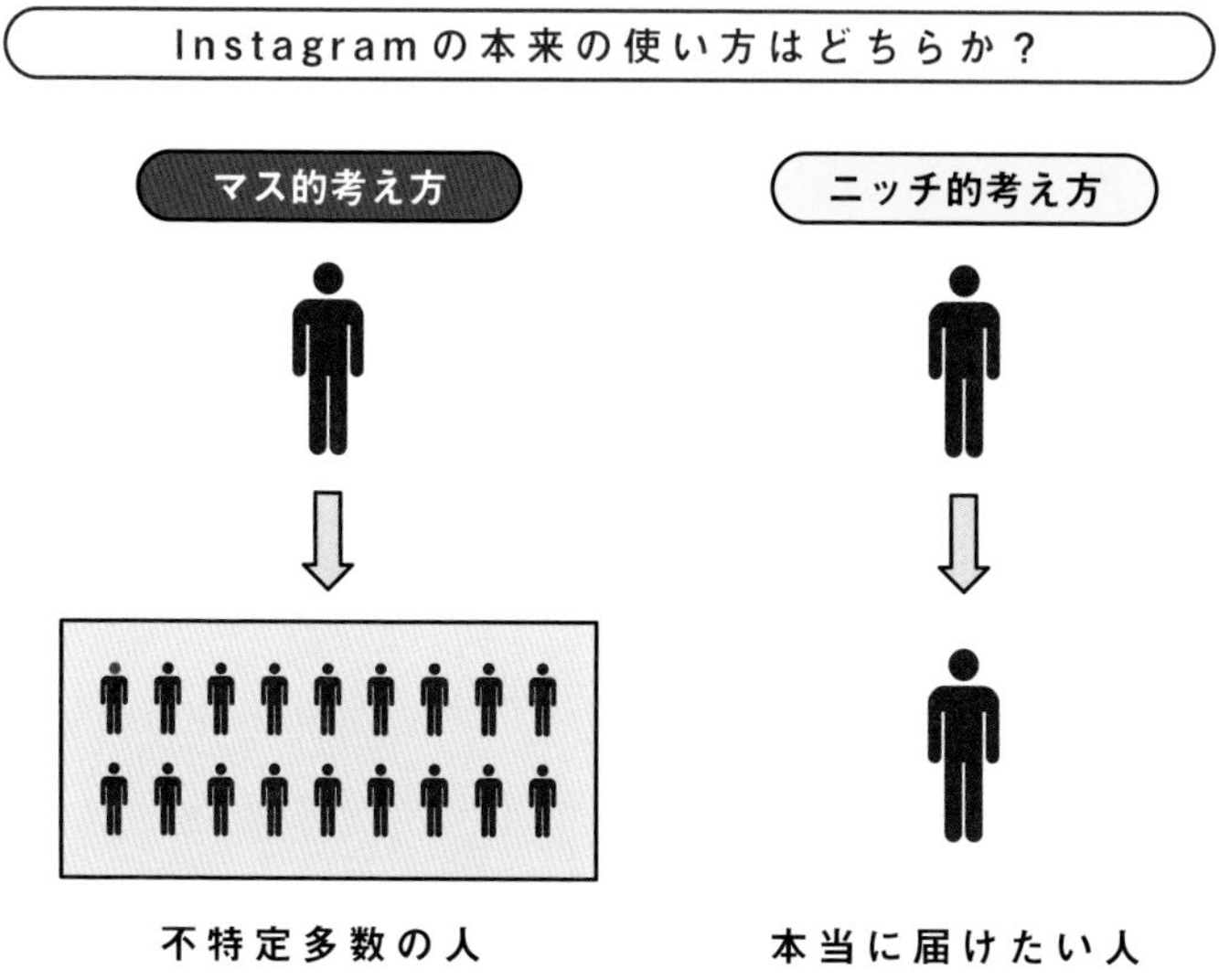

われる考え方なのです。

前著「インスタ思考法1.0」では、すでに『「集客の本質」に基づき、ターゲットユーザーの中でニーズが顕在化した時に一番に思い出してもらうために、Instagramで広告に頼らない発信を行うべき』とお伝えしていました。本書で解説する「インスタ思考法2.0」は、「インスタ思考法1.0」のこうした主張を前提としながら、その先へと考え方をアップデートさせるものです。本書の全体を通して、その考え方や手法をお伝えしていきたいと思います。

03 Instagramのフォロワーは「数より質」

従来、Instagramのビジネス活用では、フォロワー数、いいね・コメント・保存などのエンゲージメントの数、どれだけの人に届いたかを示すリーチ数、どれだけの回数が表示されたかを示すインプレッション数などの指標が重要とされてきました。

コンテンツ自体の良し悪しを決める際など、運用の分析・改善にあたって、これらの数値が今も重要なことに変わりはありません（分析・改善については第7章で解説します）。しかし、自分たちの生活に根付いてインフラ化している現在のInstagramの在り方を考えると、このような**フォロワーの数やエンゲージメントの数といった側面だけでは、アカウントの状態や運用の良し悪しが測れなくなってきています**。

Instagramの運用でフォロワー数やエンゲージメント数だけを追っていると、次のような問題が起こってきます。

・投稿の保存数は多いのに、フォロワーは増えていない
・フォロワーは多いのに、ライブ配信の視聴者数が少ない
・フォロワーは増えているのに、ECサイトでの売上につながっていない

これらの問題を解決するためにも、Instagramを含めた今後のソーシャルメディアで重要になってくるのが「コミュニケーションの数と質」なのです。

▼フォロワーをファンへと変えていくこと

「コミュニケーションの数と質」のうち、コミュニケーションの数とは、そのアカウントとユーザーとの間のやり取りの回数を指します。具体的には、コメントやDMの数です。一方、コミュニケーションの質とは、1人ひとりのユーザーに合わせて、中の人が1人の人間としてやり取りを行うことを指しています。コメントへの返信も、ユーザー側の人間性を無視した定型文を使い回したり、企業っぽい堅すぎる文章だったりすると、ブランドイメージによい影響を及ぼさなかったり、場合によってはブランドイメージを損なうことにもつながります。

筆者が担当したクライアントの事例でも、コメントやDMの返信を毎営業日行っているアカウントと、そのような対応をまったく行わないアカウントでは、同じくらいのフォロワー数でも、ライブ配信の視聴者数やストーリーズのリンクスタンプのクリック数が倍以上も違ったり、ショッピングタグのクリック数も前者のアカウントの方が多くクリックされていたり、ということが頻繁にありました。

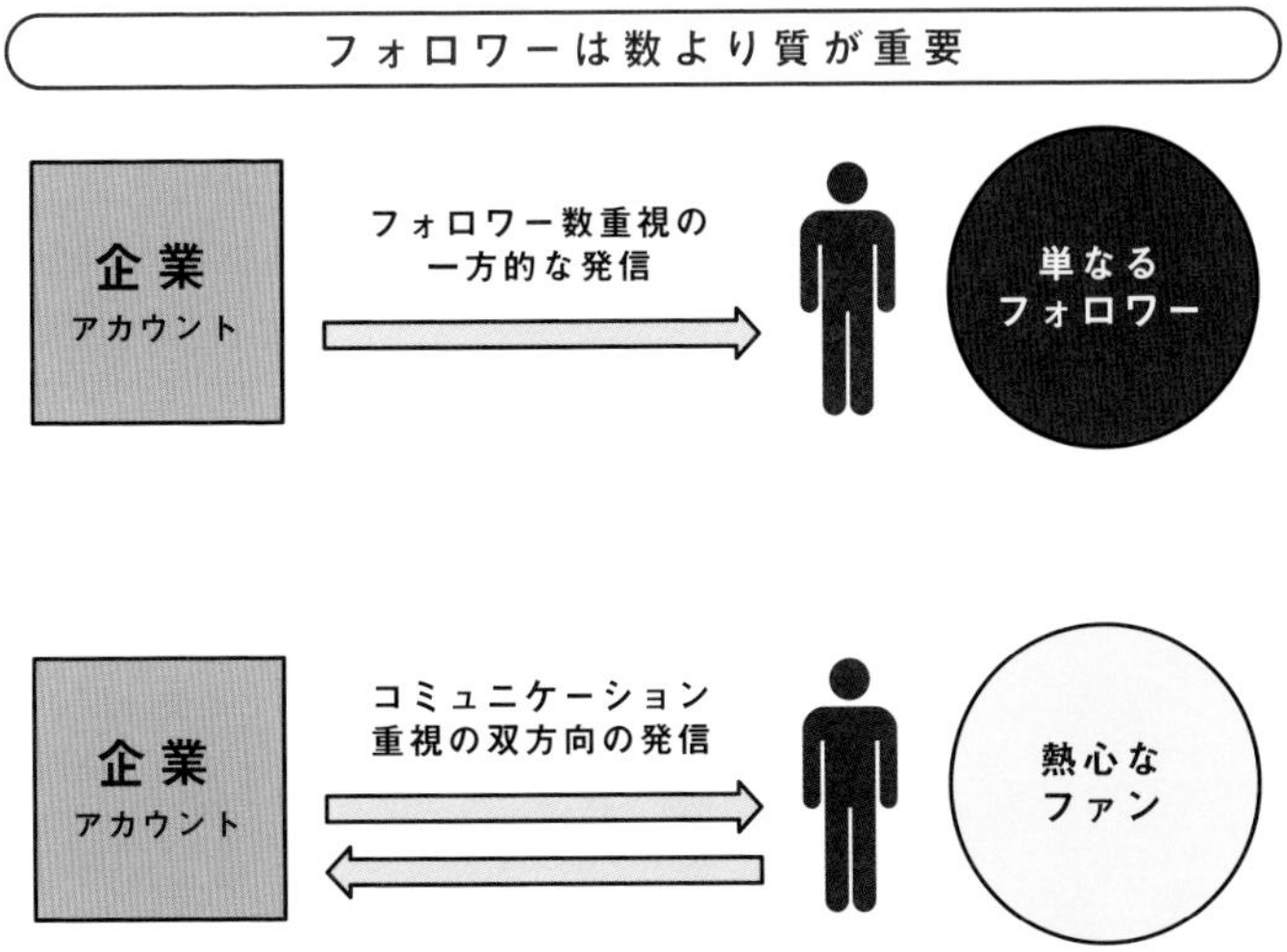

いわば、前者のアカウントは「フォロワーをファンにできている」と言え、後者のアカウントは「フォロワーをファン化させられておらず、ただのフォロワー止まり」になっているということになります。これからのInstagram運用では、フォロワー数やエンゲージメント数を追い求めることで、フォロワーをフォロワーのままにとどめてしまっていては意味がありません。**フォロワーとの間で行うコミュニケーションの数と質を高めていくことによって、フォロワーをファンへと変えていく**必要があるのです。

04 Instagramは「ファン作り」を行うプラットフォーム

Instagramはもはや、自分の商品やサービスを売るためのプラットフォームではありません。日々発信するコンテンツを通して、ファン作りを行っていくためのプラットフォームなのです。コンテンツの間に広告を無理やり押し込み、一瞬の興味を引いて売りつけるような従来の手法ではなく、**ファンになった「結果」として商品やサービスが売れていく**という流れこそが、自然であり、目指すべき姿なのです。

ここで言う「ファン」とは、発信するコンテンツに対して、安さやお得さなどのわかりやすい特典があるときにだけ集まるようなユーザーではありません。日々のコンテンツ配信を楽しみにして、毎回リアクションをくれるようなユーザーであり、Instagram上で表現したコンテンツ全体が作り出す、そのアカウントのすべてを支持してくれるユーザーのことです。

パレートの法則

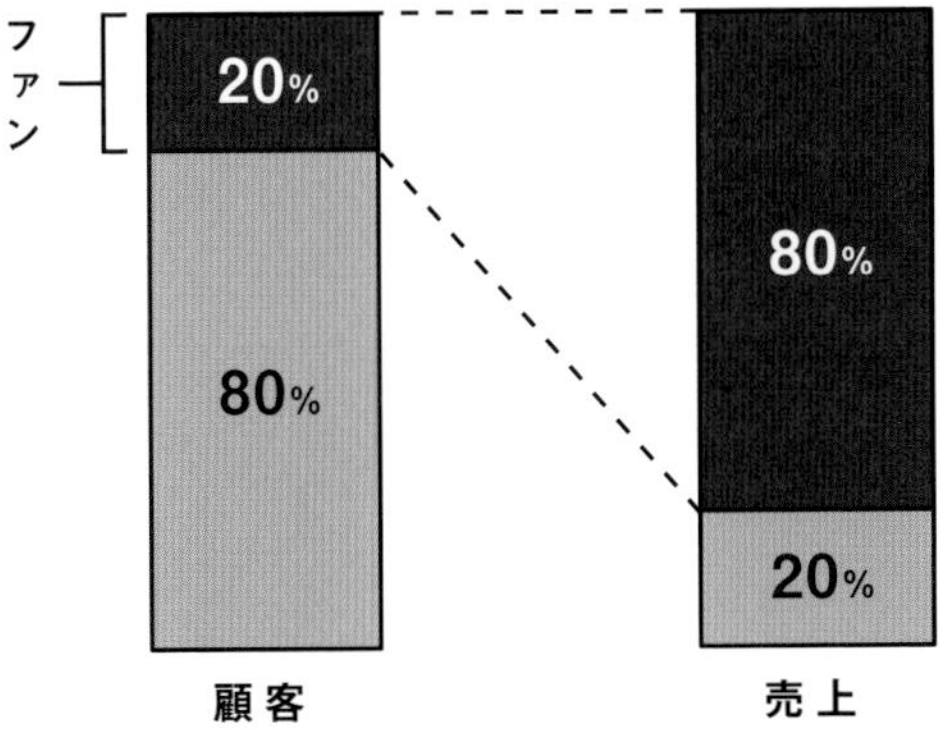

20%のファン（優良顧客）が
売上の80%を生み出している

経済学には、「パレートの法則」という考え方があります。イギリスの経済学者ヴィルフレド・パレートによって提唱されたこの法則は「2：8の法則」とも呼ばれ、**顧客全体の2割である優良顧客が売上の8割を上げている**、すなわち全体の数値の大部分は、全体を構成するうちの一部の要素が生み出しているという考え方です。そして、すべての顧客を平等に扱うのではなく、上位20%の優良顧客を大切に扱うことで、80%の売上を維持し、高い費用対効果を生むことができると考えられています。

「パレートの法則」に則ると、すべてのユーザーを平等に扱うのではなく、**上位20％のファンをInstagram上で大切に扱うことで、80％の売上を確保できる**ということになります。現代は「1億総インフルエンサー時代」であり、すべての「ファン」は「発信者」になり得ます。その発信するファン（発信する消費者）を徹底的に大切に扱うことで、そのファン自身もそのブランドを大切に想ってくれるようになります。その結果、商品やサービスを迷うことなく購入してくれるようになり、自らの意思で商品やサービスに関する情報を発信してくれるようになるのです。

また、ファンによる発信は、ファンを中心とした大小のコミュニティ、例えばソーシャルメディアのフォロワーや職場関係者や家族へと、高い熱量のまま伝わります。それにより、ファンがファンを生み、ブランドを応援してくれるファンが高確率で増えていくことになります。これが、20％のファンが80％の売上を作るというしくみの中身です。

ファンがファンを連れてきてくれるしくみ

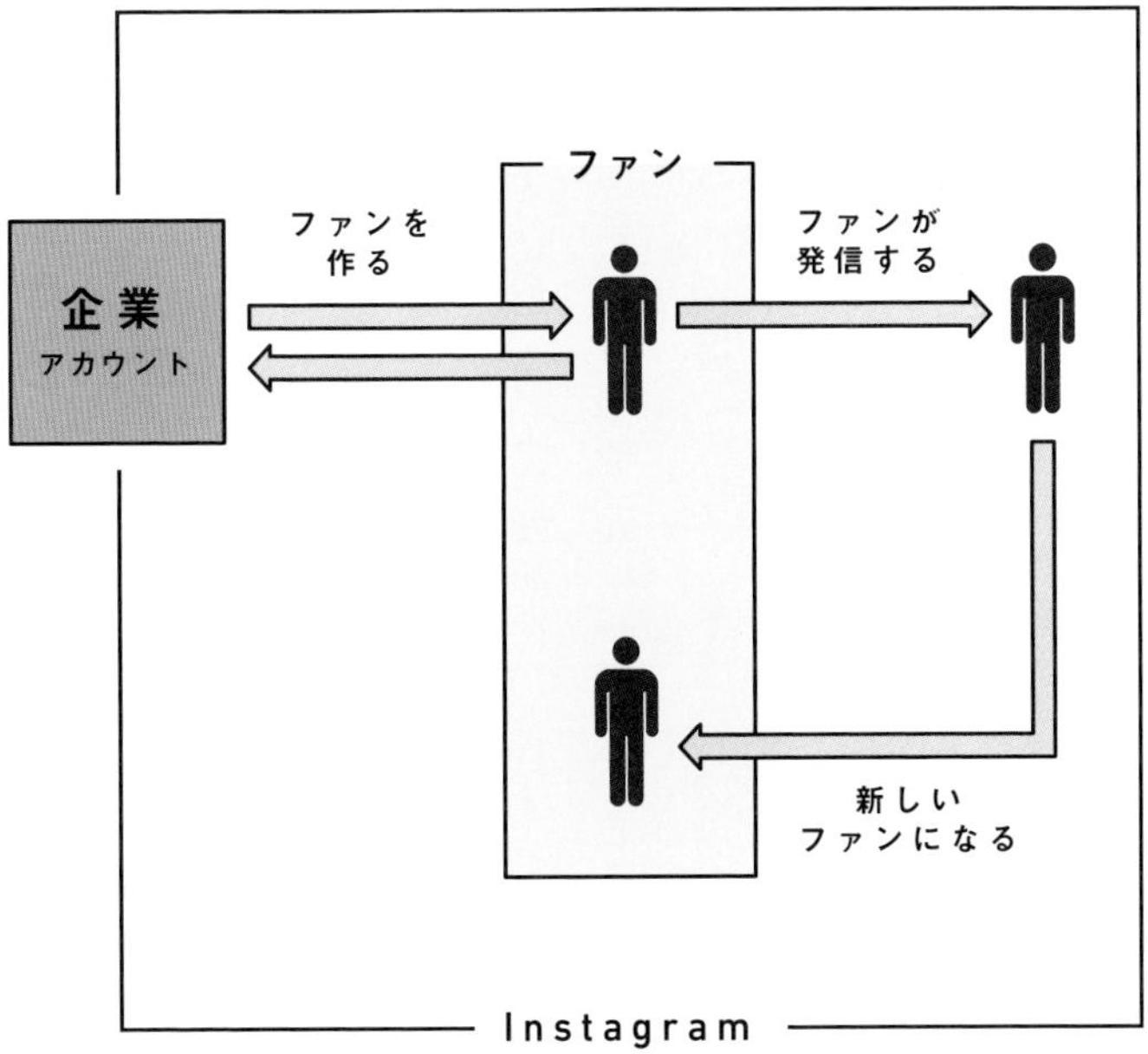

広告を使って新規顧客を集客し続けなくても、**ファンがファンを連れてきてくれるしくみを作る**こと。これが、ファンマーケティングと呼ばれる考え方の重要なポイントです。そして、ファンマーケティング実現のために「ファンを作っていくこと」「ファンに発信してもらうこと」を軸にInstagram運用を考える思考法。これが、「インスタ思考法2.0」なのです。

05

Instagramは「フルファネル」で活用できる

前著「インスタ思考法1.0」では、**「Instagramはビジネスにおける入口商品に誘導するためのもの」**とお伝えしていました。例えばサプリメントを販売する事業者の場合、まずは興味を持ってもらいやすい入口商品の「無料サンプル（=フロントエンド商品）」に誘導するべきであり、もっとも販売したい「定期購入（=バックエンド商品）」についてInstagramで積極的に売り出すことはしない、という考え方です。

今でも、その考え方はまちがいではありません。しかし近年、機能の拡充やユーザーの増加、レコメンド機能の精度向上などによって、Instagramの役割が広がってきています。

それは、入口商品（フロントエンド商品）への誘導だけでなく、その先のミドルエンド商

Instagramはフルファネルで活用できる

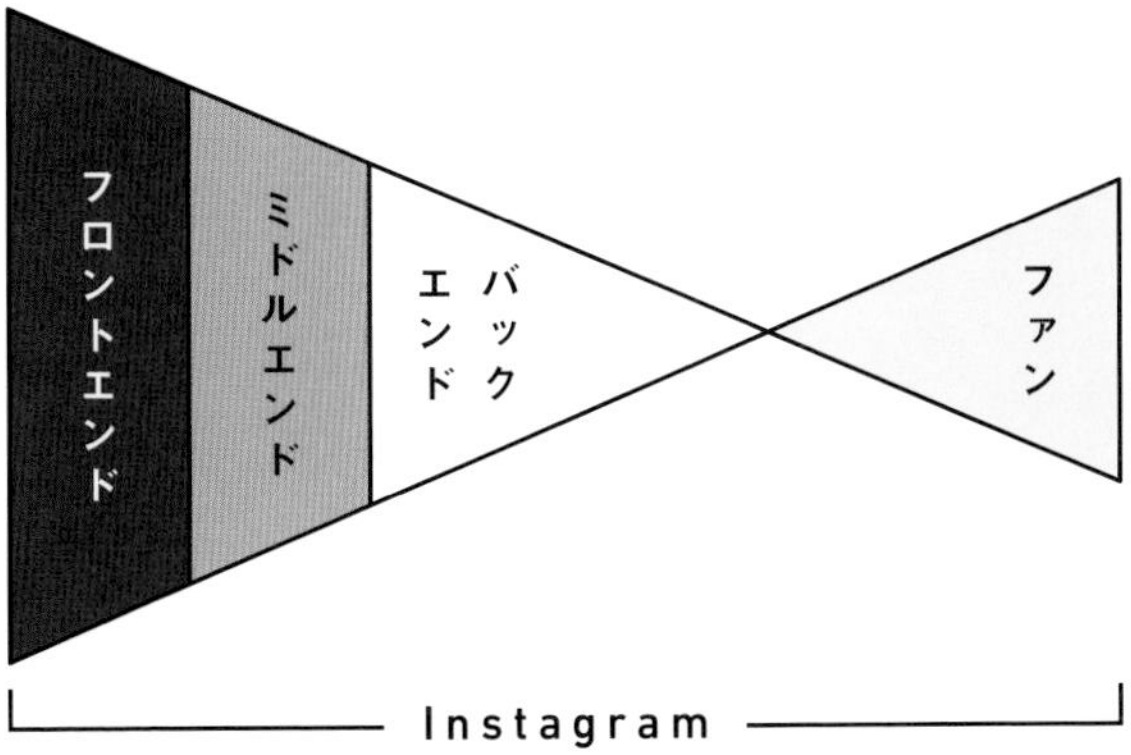

品やバックエンド商品への誘導、さらにその関係性を維持し、ファン化するまでのすべてをInstagramだけで完結できるようになってきている、ということです。

DECAXからUGCへと辿る道筋が作られる

例えば株式会社クラシコムさんの「北欧、暮らしの道具店」は、そのよい例かもしれません。「北欧、暮らしの道具店」は、2007年にビンテージの北欧食器専門ECサイトとして始まり、今ではさまざまな事業展開をされています。

「北欧、暮らしの道具店」は実店舗を持たないため、ユーザーとの関係構築はインターネット、特にInstagramをはじめとしたソーシャルメディアから始まります。ユーザーはInstagramでブランドを知り（Discovery）、アカウントをフォローすることで関係構築が始まります（Engage）。定期的に投稿されたコンテンツを確認することで（Check）、次第に関係が深まっていきます。

そのうち、ユーザー側でニーズが顕在化したり、新商品の発売やキャンペーンなどをきっかけにニーズを発生させたりすることで、Instagramのショッピングタグから商品の購入に至ります（Action）。この最初に購入してもらう商品が、「入口商品（フロントエンド商品）」となります。

商品が到着すると、ユーザーは商品を体験（eXperience）し、開封する過程や利用シーンをストーリーズに気軽にアップし、シェアします。この一連の流れが、「インスタ思考法1.0」でも解説した「DECAX」と呼ばれる購買行動モデルの考え方です。

▶「北欧、暮らしの道具店」の公式サイト

▶「北欧、暮らしの道具店」のInstagramアカウント

入口商品を購入して満足したユーザーは、アカウントの「ファン」になり、ミドルエンド商品やバックエンド商品の購入へとつながっていきます。ファン化した消費者は、フィード投稿やリール動画など、自身のプロフィールページに「残る」コンテンツとして情報をストックしていきます。これが、**「UGC」(User Generated Contents)と呼ばれる、ユーザーによって制作・生成されたコンテンツ**です。

Instagram上にシェアされたUGCは、そのユーザーをフォローしているユーザーや同じ軸の興味・関心を持つユーザーにレコメンドされます。そして、別のユーザーがあらためて商品を発見し、商品を購入、体験してシェアし、ファン化していく、DECAXからUGCへと辿る道筋が作られていきます。このようにして、ファンがファンを生み出すよいサイクルが作られていくのです。

DECAXからUGCへと辿る道筋

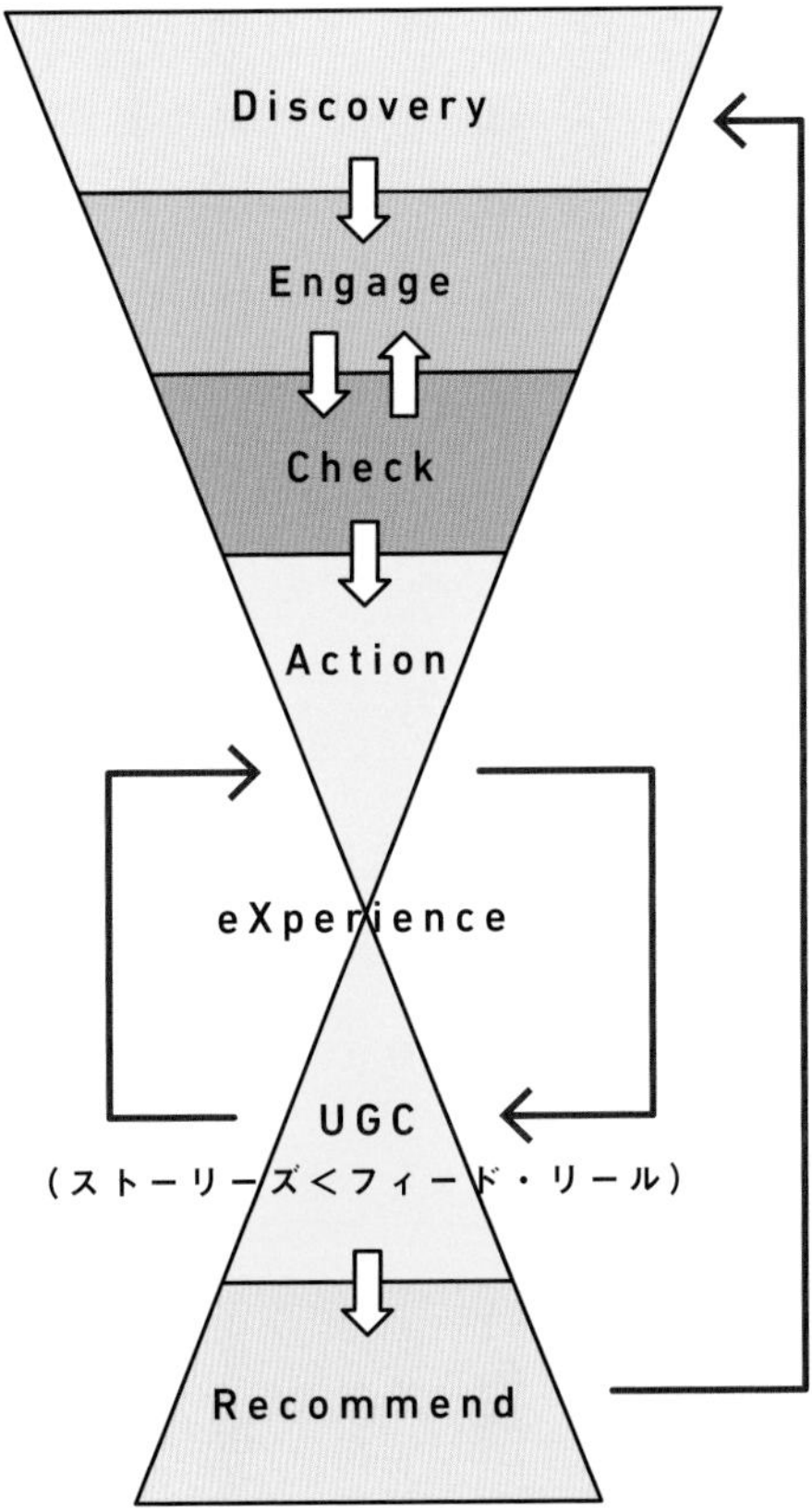

ファンがファンを生み出すサイクルが
作られていく

▼商品購入へとシームレスにつながるしくみ

このようにInstagramは、ブランドの存在を知って入口商品を購入してもらうところから、ファンになっていくまでのすべての工程で活用することができます。それは、Googleの日本法人が近年提唱している「パルス消費」というキーワードによってうまく表現されていると言えます。「パルス消費」とは、スマホの操作中に瞬間的に物を買いたくなり、そこから商品を見つけ、購入するまでを1つの流れの中で終わらせてしまう消費行動のことです。

Instagramは、ユーザーごとに最適化した投稿を表示するアルゴリズムを持っています。そのため、**ユーザーはInstagramで商品を「たまたま見つけた」時点で、すでにその商品に関心を持つ可能性が高い**状態となっています。それにより、Instagramでの「発見」からすぐに「好き」や「欲しい」という気持ちを作ることができるのです。

さらにInstagramは、そこから購買行動へ誘導できる機能を充実させてきました。例えば、投稿に商品タグを付けられるショッピング機能や、ストーリーズからECサイトへ誘導

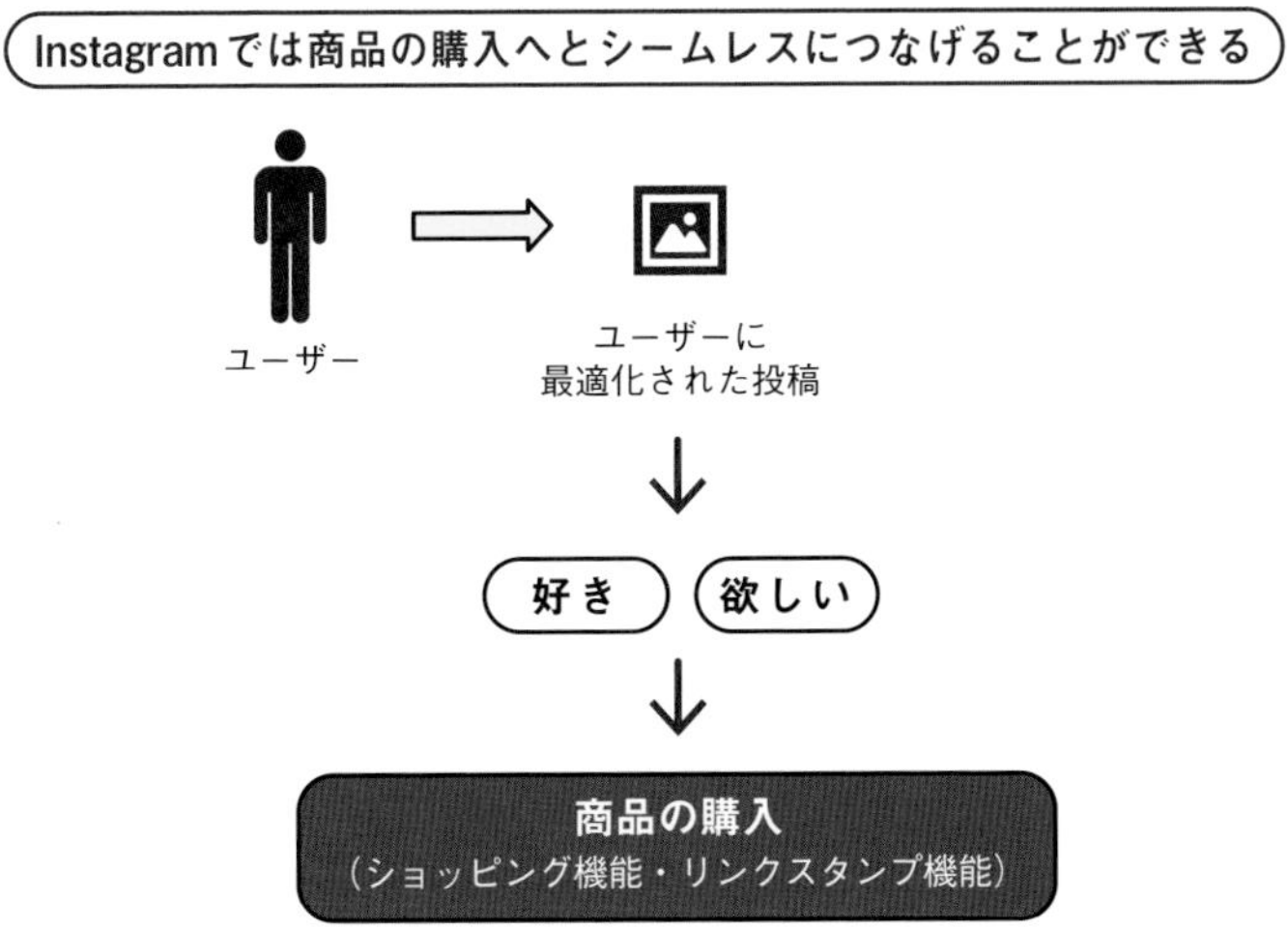

できるリンクスタンプ機能などによって、商品の購入へと直接結びつけることができます。

このように、ブランドの認知から商品の購入、そしてファン化までのすべての工程でInstagramを活用できることを、「フルファネルで機能する」と言います。Instagramの公式イベントでも、「Instagramはフルファネルで活用可能」と伝えられています。Instagramは、ユーザーを入口商品へ誘導する役割に加え、それ以降のユーザーの行動をすべてカバーすることのできるプラットフォームへと進化したのです。

06

Instagramの売上は「ファン化の結果」である

ここまで、「Instagramは一方的に宣伝する場ではない」「コミュニケーションが大切」「フォロワーは数より質」「Instagramはファン作りを行うプラットフォーム」「Instagramはフルファネルで活用できる」など、本書を読み進めていただくにあたっての前提となる考え方・スタンスをお伝えしてきました。

ここまでお伝えしても、まだ「Instagramを運用してどれくらいの売上につながるんだ?」と、すぐに売上につなげようとする人がいます。しかし、ファンマーケティングを行う「インスタ思考法2.0」の時代に、目先の売上を求めることには意味がありません。**売上は「ファン」を作れば自然についてくるもの**であって、見るべきポイントはそこではないのです。

とは言え、Instagramを運用するにあたって

「上司から売上ノルマを課せられて悩んでいる」
「会社から短期的な成果を求められて困っている」
「フォロワーの数ばかり求められていてどう説得すればいいのかわからない」

といった方も多いと思います。

ECサイトで商品を販売し、Instagramの投稿にショッピングタグを付けられる業種であればまだしも、売上に直結しづらい業種の場合、上司や商談相手を説得するのは難易度が高いかもしれません。しかしどんな業種でも、どんな商品を扱っていても、売上の源泉は「ファン」なのです。今、その「ファン」との交流にもっとも相応しいのは、テレビCMでもメルマガでもホームページでもなく、「Instagram」であるということです。

いまだに、「顧客リストを集めて一方的に告知をする」という宣伝手法をとっている企業もありますが、そんな時代はとうの昔に終わっています。そもそも現代の消費者は、顧客リスト＝メールアドレスのような個人情報を関係構築前の企業に無償で渡すなどということをしません。自分の情報を渡さずとも、ほしい情報は探せば手に入る時代だからです。また、ユーザーとのやり取りを必要としない一方的な告知も、ネガティブに捉えられるだけで逆効果なので、やめておいた方が賢明です。

今重要なのは、ソーシャルメディアを使ってユーザーとコミュニケーションを取ることです。ユーザーとの間で心を通わし、企業とユーザーの絆をより強固なものにすること。そして、値引きや販促キャンペーンがなくてもブランドを支持し、購入し続けてくれる「LTV」（ライフタイムバリュー＝顧客生涯価値）の高いユーザー、すなわち「ファン」を増やしていくこと。さらに、ファンとの関係を深め、継続していくしくみをいかに作ることができるかという考え方です。

数あるソーシャルメディアの中で、Instagramはこの「ファンマーケティング」をもっとも実現しやすいプラットフォームであると言えます。**これからのInstagram運用において、目先の利益だけを意識することは絶対にやめましょう**。すぐに売上を求めるような短期的で広告的な考え方は、「インスタ思考法2.0」の時代にはそぐわないと心得てください。

Instagramというプラットフォームで、どのような機能やテクニックを駆使して、ここまでにお伝えしてきたファンマーケティングのしくみを実現していくのか。次章から、具体的に示していければと思います。

COLUMN

Instagram以外のソーシャルメディアの立ち位置

「Instagramじゃなくても、他のソーシャルメディアでも同じような話じゃないの？」「Instagramの本だからってInstagramをひいきして見ているんじゃないか？」という声がそろそろ聞こえてきそうなので、ここで他のソーシャルメディアの現状も見ておきましょう。

Facebook

Facebookは、国内アクティブ率が50%台と低く、国内ではユーザーも減少傾向にあります。執筆時現在の公式発表で日本人ユーザーは2600万人。その前の公式発表では2800万人だったので、数年で200万人減っていることになります。日本のビジネスシーンでは、「Messengerでやり取りをするためにFacebookの友達になっておく」といった使われ方が浸透しているため、ストーリーズやリールなど、Instagramと同様の機能が実装されてはいるものの、多くのユーザーがInstagramと連携投稿をしているか、結婚や転職など重要な出来事がある時にだけ投稿しているのが現状です。国内ユーザー数や国内アクティブ率など数字の観点からも、現状は費用や工数を大きくかけるべきソーシャルメディアではないと考えられます。

X（Twitter）

X（Twitter）は、シェア機能のハードルが低いことから、どのソーシャルメディアよりも拡散性があります。そのため、ニュースや災害情報といったタイムリーな情報を取得することに向いています。反面、Instagramのように「Twitterで知って→Twitterで購入して→Twitterでシェアする」といった活用法は、Instagramほど盛んではない印象です。考えられる理由としては、Instagramのようにビジュアルありきではなくテキストがメインである、購買意欲が高まったときにすぐに購入ページへ遷移できるショッピング機能がない、コンテンツのストック性が弱い、ユーザーとの距離感を縮められるストーリーズのような機能がない、といったことが考えられます。

LINE

LINEは、「友だち追加」をしてもらうハードルが他のソーシャルメディアに比べて高いため、入口となるフロントエンド商品へ誘導することを目的に使うことが困難です。例えばInstagram経由で商品を購入したなど、一度接点を持ったユーザーとの関係性を深めたり、直接的な案内を行ってリピートを促進したりするなど、クローズドなやり取りに向いたソーシャルメディアと言えます。LINEを使わずInstagramのDMでコミュニケーションをしているユーザーも多く、競合している部分もありますが、基本的にInstagramとは活用場面が異なるソーシャルメディアと言えるでしょう。業種によっては、InstagramでファンになったユーザーをLINE公式アカウントに誘導し、さらに関係を深めていく、という手法を取るのが効果的です。

YouTube

近年、縦型のショート動画に力を入れているものの、基本的には横型の長尺動画を視聴することを目的に利用されるソーシャルメディアです。他のソーシャルメディアのように隙間時間の暇つぶしで利用するというよりは、自宅でのリラックスタイムなどにテレビのような感覚で視聴するユーザーが多いと言えます。InstagramからYouTubeに誘導するような流れではなく、YouTubeで興味を持ってくれたユーザーを、より自分のことを知ってもらうためにInstagramに誘導する、という流れを取ることが効果的です。

TikTok

近年、Instagramに次いで勢いのあるショート動画のソーシャルメディアです。レコメンド機能が優秀なため、TikTok側がユーザーの趣味嗜好を分析して自動で投稿を表示してくれる、おすすめのフィードを閲覧するユーザーが多いと言えます。フォローしなくても十分に楽しめるしくみになっているので、投稿自体がバズってもそこからフォロワーにつなげていくことが難しいソーシャルメディアです。そのため、TikTokでターゲットユーザーに発見され、そこからInstagramへ誘導し、Instagram上でコミュニケーションを取ることで関係を構築していく流れがおすすめです。

Threads

Threads は、Instagram を運営する Meta 社が開発したテキストベースのソーシャルメディアです。Twitter が X に名称変更をしたり、大きく機能やしくみが変わっている最中にリリースされたことから、X（Twitter）と比較されることが多いプラットフォームです。サービス開始からわずか5日で登録ユーザー数が1億人を超えるなど、順調な滑り出しを見せましたが、その後ユーザー数は減少しているという報道もあります。

ニーズが顕在化したタイミングで一番に思い出してもらうためには、一方的な発信ではなくコミュニケーションが必要です。そして現在の主要なソーシャルメディアの中で、適度な距離感のコミュニケーションでターゲットユーザーを顧客化↓ファン化させていくことができるのは Instagram だけだということが伝われば、この COLUMN の目的は達成です。

第2章

インスタ思考法2.0の準備

01
「ファン」を想定して「ペルソナ」を設定する

この章では、これからInstagramを本格的に運用していくための準備の方法について解説します。まず重要なことは、**Instagramを通して「誰に届けるか」を明確にする**ことです。つまりアカウントを運用する上で、自分の商品やサービスの理想的なユーザー像を設定しておくのです。この「理想的なユーザー像」のことを、「ペルソナ」と呼びます。

マーケティングの世界では、「ターゲット」という言葉もよく使われます。商品やサービスのユーザー像をイメージするという点では、ペルソナもターゲットも同じです。しかし、ターゲットに比べてペルソナの方が、より深く、詳しく人物像を設定する点が異なります。Instagramの運用では、ターゲットだけではなく必ずペルソナも設定するようにします。

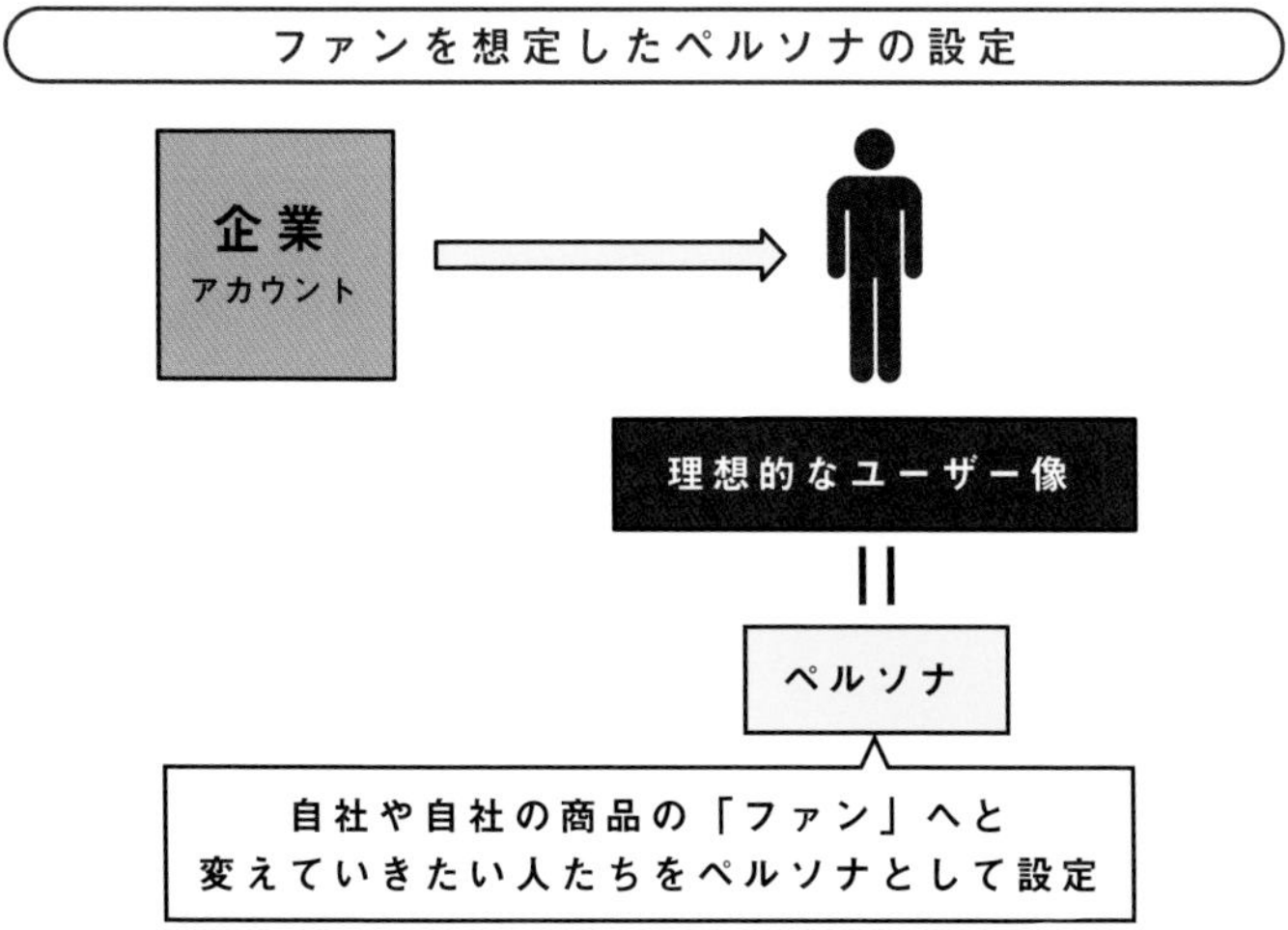

そしてここで設定する**「ペルソナ」こそが、これからInstagramを運用していく中で、自社や自社商品の「ファン」へと変えていきたい人たちということになります**。そのため「ペルソナ」を設定する際は、自分のアカウントでどのような「ファン」を獲得していきたいのかを、あらかじめ想定しておく必要があるということになります。

例えば、仕事をしている女性向けにバッグを製造・販売している企業のアカウントを例に「ターゲット」と「ペルソナ」を考えてみましょう。その場合、次の表のようなイメージになります。

ターゲットの例

- 30代
- 女性
- 会社員
- 読書が趣味

ペルソナの例

- 山本美咲
- 35歳
- 女性
- 都内在住／大阪出身
- 関西大学卒業
- 広告代理店勤務の会社員
- 夫（33歳）、長男（7歳）と3人暮らし
- 趣味は読書（仕事に関連するビジネス書6割、小説他4割）
- 起床時間は7時、就寝時間は24時
- デバイスはすべてApple製品（Appleのファン）
- Instagramでは、同業者が発信しているマーケティングノウハウ系のアカウントや学生時代からの友人を主にフォローしていて、発信はストーリーズで週に2－3回程度。その他のソーシャルメディアはアカウントを持ってはいるものの、ほとんどやっておらず見る専門。
- 会社は出社ベース（リモート日は週1回）で、打ち合わせや商談でクライアント先を回ることも多い。
- 仕事用のバッグは数ヶ月に一回は買い換えているくらい毎日使うため、そんなに高級なバッグは必要ないと思っている。
- 仕事仲間や取引先にも見られるため、安っぽく見られると困る。
- 仕事と子育てで自分の時間が少ないため、バッグ選びに時間はかけられない。

この例のように、ターゲットが人物像をおおまかに設定しているのに対し、ペルソナはよりリアルな人物像を設定しています。Instagramの運用においては、ターゲットレベルの設定ではなく、ペルソナレベルで詳細に「誰に届けるか」を設定することが必要です。

具体的なペルソナの設定項目としては、次のようなものが挙げられます。

- 顔がわかるイメージ写真
- 名前
- 年齢
- 性別
- 居住地／出身地
- 最終学歴
- 職業
- 家族構成

・趣味
・起床時間／就寝時間
・利用デバイス
・ソーシャルメディアの利用状況
・自社の商品を使う環境
・ユーザーインサイト

その他、食事の時間や通勤時間、服装や髪型、自宅の雰囲気など、業種や扱う商品、サービスによって設定項目はアレンジしてください。

なお、最後の「ユーザーインサイト」とは、表面上に見えている事柄ではなく、潜在的にペルソナが感じているだろう本音や悩みのことを指しています。先の例で言うと、次の内容が、ユーザーインサイトに該当します。

・仕事仲間や取引先にも見られるため、安っぽく見られると困る
・仕事と子育てで自分の時間が少ないため、バッグ選びに時間はかけられない

ユーザーインサイトを設定することで、よりペルソナに、ゆくゆくはファンに寄り添ったアカウント運用ができるようになります。

02

「自分視点」でなく「ペルソナの視点」で考える

ペルソナは、詳細に設定できればできるほどよいです。それにより、投稿のキャプション作成1つとっても、

ここは〝絵文字〟を使うべきか？ それとも〝！〟を使うべきか？

といった細かな判断において、「想定しているペルソナにとってはどちらが読みやすいだろう？」と、ペルソナ視点で考えることができます。

例えば同じ内容のキャプションでも、先の山本美咲さんのような30代半ばくらいの方をペルソナに設定する場合と、山本美咲さんより年齢がひと回り以上うえの50代の方をペルソナ

に設定する場合とでは、次のように表現が変わってくるかと思います。

A 30代半ばの方がペルソナの場合

昨日発売になった新作のトートバッグは、このように作られているんです！👀
職人さんがひとつずつ手作りするので、丈夫で長持ちするんですよね😊

**30代半ばのユーザーを
ペルソナに設定した文章例**

リール
昨日発売になった新作のトートバッグは、このように作られているんです！👀
職人さんがひとつずつ手作りするので、丈夫で長持ちするんですよね😊

B 50代の方がペルソナの場合

昨日発売になった新作のトートバッグ。

動画のように、職人さんがひとつずつ手作りしています。

このように丁寧に手間ひまかけて作られるからこそ、丈夫で長持ちする製品が出来上がるのです。


50代のユーザーをペルソナに設定した文章例

リール
昨日発売になった新作のトートバッグ。
動画のように、職人さんがひとつずつ手作りしています。
このように丁寧に手間ひまかけて作られるからこそ、丈夫で長持ちする製品が出来上がるのです。

Aの場合は、絵文字を使ってカジュアルかつ端的にして、リールへと誘導しています。Bの場合は、絵文字は使わず、Aと同じくリールに誘導しているものの、動画に委ねる形ではなく「動画の補足としてキャプションがある」という立ち位置を明確にしています。

ここでやりがちなまちがいとしては、「自分は普段絵文字を使わないから絵文字はなし」という判断をしてしまうことです。ここでは**「自分がどうなのか」はまったく関係ありません。**あくまで、**「ペルソナがどう思うか」を念頭において、判断する**ようにしてください。

このように、ペルソナを想定したアカウント運用では、設定したペルソナがどう思うか？　どう感じるか？　を常にイメージしながら日々の投稿を行う必要があります。そのため、自分のまわりに実在する身近な人にペルソナを設定できると、よりイメージしやすく、活用しやすくなります。友人や知人、仕事で関わりのある人の中から、ペルソナのイメージに一致する人を探してみてください。

03
ペルソナは「1アカウント・1ペルソナ」が原則

ペルソナは、「1つのアカウントにつき、1つのペルソナ」が理想です。ペルソナとは、いわばアカウントの「目的」です。Instagramアカウントに複数の目的を持たせてしまうと、運用の方針や投稿の表現方法がぶれてしまい、誰に向けているのかわからないアカウントになってしまいます。結果、「誰もファンになることのない」アカウントができあがります。

Instagramでは、1つのアカウントに複数のペルソナを持たせないことが原則なのです。

企業のソーシャルメディアマーケティングの支援をしていると、アカウントの立ち上げ段階に携わることもよくあります。その際、「男性向けと女性向け、それぞれ商品展開があるのですが、同じブランドなので同じアカウントでいいでしょうか?」という質問をよくいただきます。その場合の答えは、「アカウントは分けた方がよい」です。理由は単純で、「ペルソナがまったく異なるから」です。

あくまでも一般的な例ですが、男性はスペック重視で、社会的評価を気にするタイプの人が多いのに対し、女性は感受性やコミュニケーション能力が高く、「楽しそう」「かわいい」といったイメージを重視する人が多い傾向があります。男性と女性とではそもそもの感性が異なるので、アイコンの色合いや投稿クリエイティブの色使いなど、色味に関する部分で採用するものが変わってきます。また、キャプション欄の文章の表現方法も異なってきます（なお、これはあくまでも一般的な傾向の話で、性別に関係なく、個々人の好みによって異なる部分は多くあります）。

この例のように、ペルソナ設定の基本項目において大きな差がある場合はもちろんのこと、同じ企業の中で複数の商品カテゴリがある場合や、同じブランドの中にペルソナが大きく異なる商品がある場合も、別アカウントを作成して運用することをおすすめします。

04 アカウントの「中の人」を明確にする

Instagramアカウントの運営では、届けたい理想のユーザーを「ペルソナ」として設定し、そのペルソナを想定して投稿クリエイティブを作成したり、広告を打ったりします。一方、こうしたペルソナに対してInstagramを介してメッセージを送り届けるアカウント運用側の担当者にも、同様の設定が必要になります。

企業のソーシャルメディアアカウントを運用している人のことを、「中の人」と表現します。「中の人」にも、どのようなキャラクターの担当者が運用していることにするのか、というペルソナを設定する必要があるのです。前節でお伝えした項目を参考に、「中の人」のペルソナも同じように描いてみてください。

「中の人」のペルソナは、担当者本人のキャラクターのままでよい場合もあれば、別のキャラクターを設定して、その人になりきって運用しなければならない場合もあります。例えばペルソナとして20代の女性を設定したアパレルブランドの場合に、「中の人」が40代の男性であったとします。40代の男性のままではペルソナに刺さる発信は難しいため、「中の人」のキャラクターとして、ユーザーと同じくらいの年代の女性を設定する必要があります。とは言え、この場合はキャラクターを描いてなりきるだけでは対応が難しいと思われるくらいの乖離があるため、実際には担当者の変更が必要になるかもしれません。

他にも、男性向け化粧品のアカウントを女性の担当者が運用していたり、女性のファンを集めたいのに男性の上司が発信内容の最終決裁を行っていたり、といった状況は少なからずあります。ユーザーのペルソナと中の人の設定が乖離しすぎないよう、注意が必要です。企業のスタンスや商材によっても異なりますが、年齢や家族構成、生活リズムなどがペルソナと近くなるように「中の人」を設定するのが理想です。

▼ペルソナと「身内」になれるかどうか？

企業アカウントにおけるInstagram運用の最終的な目的は、ユーザーからブランドに対して愛着を持ってもらい、ブランドを共創するファンになってもらうということです。こうした「ファンを作る」という観点では、「ペルソナと身内になれるかどうか？」という視点で「中の人」のキャラクターを検討してみることが重要です。

ここで言う「身内」とは、親や親戚といった血縁関係の意味ではありません。そうではなく、例えば「同じ趣味を持った友だち」といった距離感の「身内」です。**こうした身内感覚が、ファン作りの源泉となる**からです。もし自分のキャラクターのままでペルソナと友だちになれそうであれば、「中の人」は自分自身を設定して問題ありません。

例えば、前節で登場した山本美咲さんのようなペルソナに向けて女性向けのビジネスバッグを販売していく場合、次のような「中の人」を設定するとよいでしょう。

中の人の例

- 三浦愛
- 36歳
- 女性
- 都内在住／千葉出身
- 千葉大学卒業
- 女性向けバッグを製造、販売する企業の正社員（広報担当）
- 夫（37歳）、長男（7歳）、長女（5歳）と4人暮らし
- 料理が趣味で、どれだけ忙しくても家族には手料理を作ると決めている。
- 起床時間は6時30分、就寝時間は23時
- デバイスはすべてApple製品（たまたまAppleになっているだけで特にこだわりはない）
- 普段からInstagramの個人アカウントで、自分が作った料理を発信している。
- 会社には週5回（毎営業日）出社している。
- 自社ブランドのバッグのファンでもあるため、仕事用のバッグは必ず自社のものを使用。
- 広報担当の中でも、ソーシャルメディアアカウントの責任者として運用を任されている。

05 「トンマナ設定」「返信スタンス」を決めておく

▼「トンマナ設定」をリストアップする

「中の人」の設定に関連して、必ず「トンマナ設定」も行うようにしてください。「トンマナ」とは、トーン（tone）＆マナー（manner）の略称です。広告などのデザインにおいて、コンセプトや雰囲気に一貫性を持たせ、企業のブランドイメージがユーザーに与える印象を統一するためのルールのことを言います。

例えば歴史があって品格のあるお店の場合に、Instagramのアカウントがそのブランドに合っていない、ライトなイメージで運用されていると台無しです。お店が本来持っているブランドイメージをしっかりと表現できる運用を行うべきで、そのために「中の人」の設定や「トンマナ設定」が必要になるのです。

一般的に、ビジネスとしての規模が大きくなるほど、どの媒体からそのブランドに触れられても同じイメージをユーザーに感じてもらうために、大きな企業やブランドには表現に関する細かなルールが用意されています。例えば、「～致します」はNGで「～いたします」はOK。数字は全角ではなく半角で統一。フォントや背景の色は「＃〇〇〇（色コード）」を使うなど、言葉遣いはもちろんのこと、色味なども含めた幅広い範囲でルールが決められています。**細かな表現の集まりがブランド全体のイメージを形作る**ため、こうした事前のルール設定は運用者側が考えている以上に大切です。

すでに全社統一のトンマナのルールブックが用意されているという場合は、そのままそれを活用すればよいでしょう。用意がない場合は、まずはかんたんなものから作ってみてください。**最初は思いつくものだけをリストアップし、運用しながら追加していけば大丈夫**です。例えば「中の人」が三浦愛さんの場合、最初は次のような形で設定し、運用する中で「これはどうしよう？」というものが出てきた時に、その都度追加していく形で充実させていくとよいでしょう。

▼トンマナ設定例

・ミレニアル世代に届くカジュアルな文章表現でキャプションを構成する
・ただし、「w」「なう」等のくだけた表現は使用しない
・絵文字は、1投稿につき3つ程度を目安に、文脈に合うものを付ける
・顔文字は原則使用しない
・数字は半角で統一する
・社名はカタカナではなく、正式な英語表記で統一する

筆者が支援しているクライアントの中には、「◯」「×」を表にして、「ありがとうございます」は「◯」、「有難うございます」は「×」など、表現の「◯」「×」を細かく記載している企業もあります。皆さんの商材やペルソナに合わせて、適切なトンマナを設定するようにしましょう。

▼「返信スタンス」を決めておく

「中の人」「トンマナ設定」とあわせて、コメントやDMでの「返信スタンス」も決めておきましょう。このとき、「すべてに返信しない」という、企業アカウントによくあるスタンスはやめてください。「炎上リスクがあるから」「1つに返すと収集がつかなくなるから」「工数がかかるから」など、理由を付けて避けようとする企業が多いですが、これからのInstagramにおいて、コミュニケーションの強化はマストです。

これまで述べてきたように、企業はその人間的な側面を見せて、ファンとしてのユーザーに応援される存在になる必要があります。**基本的には、スパムなど明らかに不適切なものを除き、すべてのコメント、メッセージに対して返信を行う**、という運用スタンスにしてください。

例えば、「必ず返信してほしいコメント例」と「返信しなくてもよいコメント例」は次のようになります。

▼必ず返信してほしいコメント例

・商品やサービスへの質問
・コンテンツへの共感
・商品やサービスなどへのクレーム　など

▼返信しなくてもよいコメント例

・商品やサービス、自社、コンテンツなど、すべてに無関係と思われるコメント
・外部サイトへ誘導しようとするスパムコメント
・他人になりすましたアカウントからのコメント　など

まとめると以下が、Instagram運用の準備段階で最低限決めておいてほしい、「中の人」に関連する設定項目になります。

・中の人の像
・トンマナ
・返信スタンス

これらのルールがしっかりと定められ、すべての媒体で統一した表現ができることにより、ブランドイメージの毀損は起こらなくなり、一貫したブランド体験をユーザーに提供することができます。**特に運用チームが複数名いる場合は、必ずこの節でお伝えした項目を設定し、共有するようにしてください**。それにより、担当者によって表現が異なるという、ブレた運用を防ぐことができます。

06
「コンセプト設計」でアカウントのブレをなくす

誰に向けて、どのようなスタンスで発信するのかが決まったら、次は発信に一貫性を持たせるためにアカウントの「コンセプト」を決めましょう。ここで言うコンセプトとは、投稿を行う際のベースとなる考え方や構想のことです。Instagramにおける発信がブレないように、アカウントについての一貫した考え方をあらかじめ言語化し、設定しておくのです。アカウントのコンセプトが決まっていれば、**「中の人」がコンテンツ企画やクリエイティブを検討するときなどの判断基準になります**。また、アカウントの方向性が明確になることによってユーザーがフォローしやすくなり、ファンになってもらいやすくなります。

アカウントのコンセプト設計は、設定したペルソナのニーズを言語化するところから始めます。

例えば英会話スクールのアカウント運用の場合に、「英語を話せるようになりたい」という欲求がペルソナのニーズとして設定されているとします。こうしたニーズに対して「なぜ英語を話せるようになりたいのか？」と問いかけ、具体的に深掘りしていきます。その結果、「英語を使いこなせるようになることで、会社でグローバル案件を担当したい」という顕在的なニーズが見つかったとします。そして、その背景として「英語ができる同期がグローバルな大型案件を任されていて悔しい」という経験があったと仮定し、自分でも気がついていない潜在的なニーズとしては「自分も上司（会社）に認められたい」といったことが考えられるとします。

ペルソナのニーズをこのように言語化できた場合、それを活かしたアカウントコンセプトは次のようになります。

ビジネスで英語を使いこなせるようになりたい人に、通勤時間などの隙間時間で続けられる勉強法を伝えることで、会社での評価が上がる英語力を身につけられる発信を行う。

また、もう1つ例を出してみます。49ページの「女性向けに仕事用のバッグを販売する企業」のアカウントの場合、ペルソナのニーズの一例として、「そこまで高級ではないけれど、安っぽく見えない毎日使える丈夫なバッグがほしい」という顕在的なニーズがあるとします。

さらにその奥には、「とは言っても、ゆっくりバッグを選ぶ時間的な余裕がないので、3万円という予算内で自分の生活スタイルに合うバッグがあれば、比較検討せずに即決するのに、なかなかピンとくるものに出会わない」という、ペルソナ自身も自覚していないような潜在的なニーズが考えられたとします。

このペルソナのニーズを活かしたアカウントコンセプトは、次のようになります。

ゆっくりネットショッピングさえできない毎日忙しい女性に、3万円以内で買える職人手縫いの丈夫な本革バッグを、服の色や体型などのスタイル・屋内や屋外などの利用シーンなど複数の場面に合わせた写真や動画を用意し、実際の購入者の声も取り上げつつ、このアカウントを見るだけで自分が持っている姿をイメージできる発信を行う。

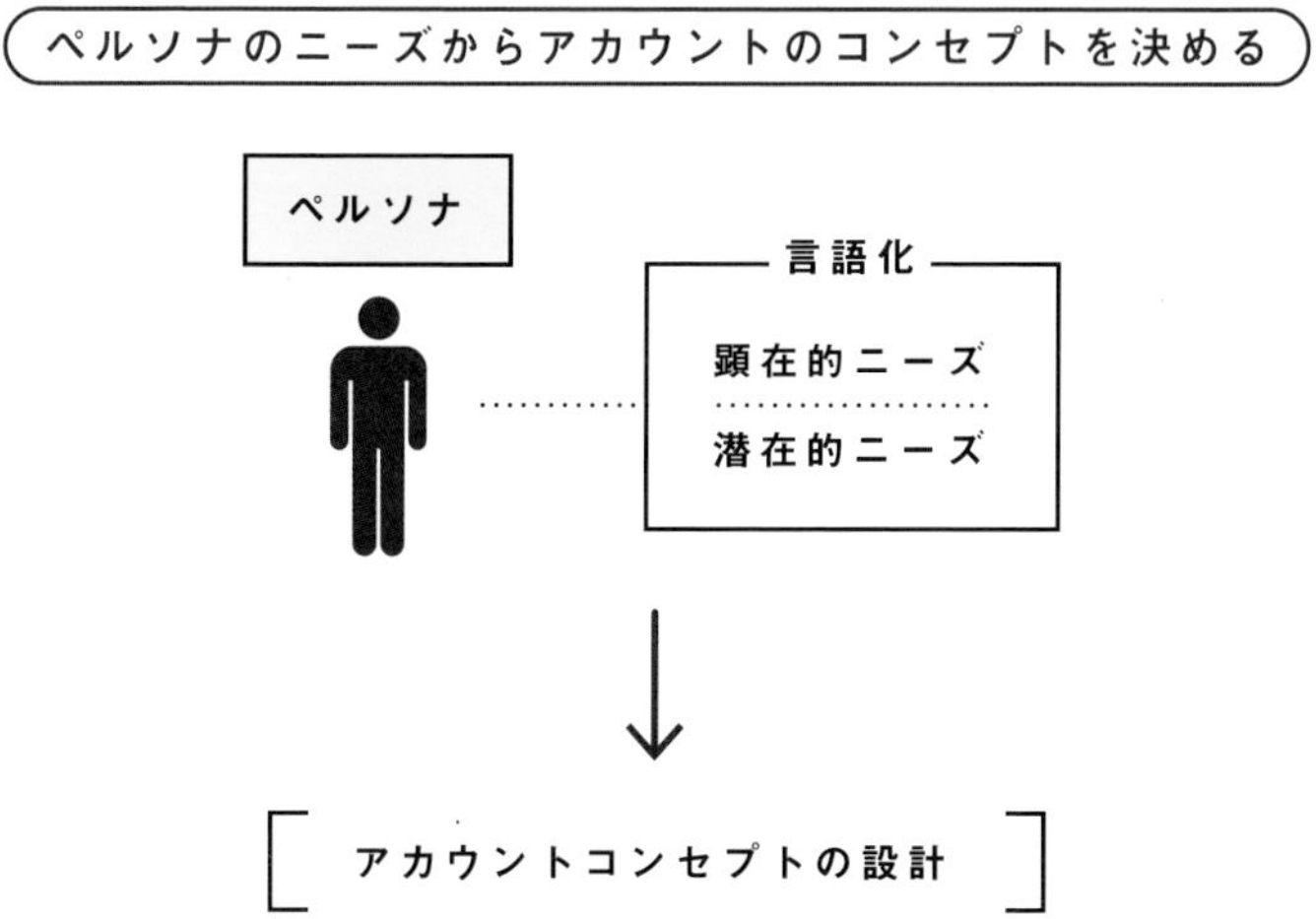

このように、**設定したペルソナが顕在的にどのようなニーズを持っているか、またそのニーズを深掘りした場合にどのような潜在的なニーズが隠れているのか**を考えることで、アカウントのコンセプトが定まっていきます。そして、見出されたコンセプトに沿ったアカウント運用を行うことで、明確なファンを想定した、ブレのない発信ができるようになるのです。

07

「ベンチマークとなるアカウント」を見つける

アカウントのコンセプトが定まったら、続いてベンチマーク＝運用の基準・見本となるアカウントを見つけましょう。ここで言う「ベンチマークとなるアカウント」とは、**投稿内容やその評価、運用体制のお手本となるアカウント**のことです。自身のアカウントよりも優れた、成功しているアカウントを選ぶ必要があります。

ベンチマークとなるアカウントを設定しておくことで、投稿のネタに困ったときや、表紙画像のデザインに迷ったときなど、そのお手本となるアカウントが実際にやっていることを参考に「自分だったらどうするか」を検討することができます。もちろんまったくの真似になってはいけませんが、ビジネスにおいてうまくいっている事例を見つけ、分析し、取り入れられる部分を取り入れることは重要です。

ベンチマークとなるアカウントの選定条件としては、次の3つがあります。

❶ 自分が「こうなりたい」と思う同業種のアカウントであること
❷ 直近3日以内に投稿されているアクティブなアカウントであること
❸ フォロワー数が1万以上のアカウントであること

❶については、当たり前のことですが、同業種、同ジャンルの商品を扱うアカウントである必要があります。その結果、自ずと同じペルソナを持ったアカウントになるはずです。

❷については、投稿であればストーリーズでもフィードでもリールでも問題ありません。頻繁に更新されているアクティブなアカウントということは、例えば2人以上のチームで担当しているなど、しっかりとした運用体制を構築できているということでもあります。クリエイティブ面はもちろんのこと、ソーシャルメディアの運用体制面でも参考にできる、優秀

なアカウントを見つけてください。

❸については、そのアカウントがベンチマークとして設定するに値するかどうかを見極めることが目的です。本書の冒頭からお伝えしている通り、Instagram の運用においてフォロワー数は重要ではありません。しかし、他人のアカウントは自分のアカウントのように細かくインサイトを見られるわけではありません。そこで、外から見える情報の中でそのアカウントを評価するための指標として、フォロワー数を見るのです。

ベンチマークとするアカウントは、1つだけだと影響を受けすぎて意図せず真似になってしまう可能性があるので、**最低3つは持っておいてください**。せっかく時間と工数をかけて取り組むわけですから、失敗する可能性はできるかぎり減らすべきです。変なプライドは捨てて、先行者の成功事例を取り入れていきましょう。

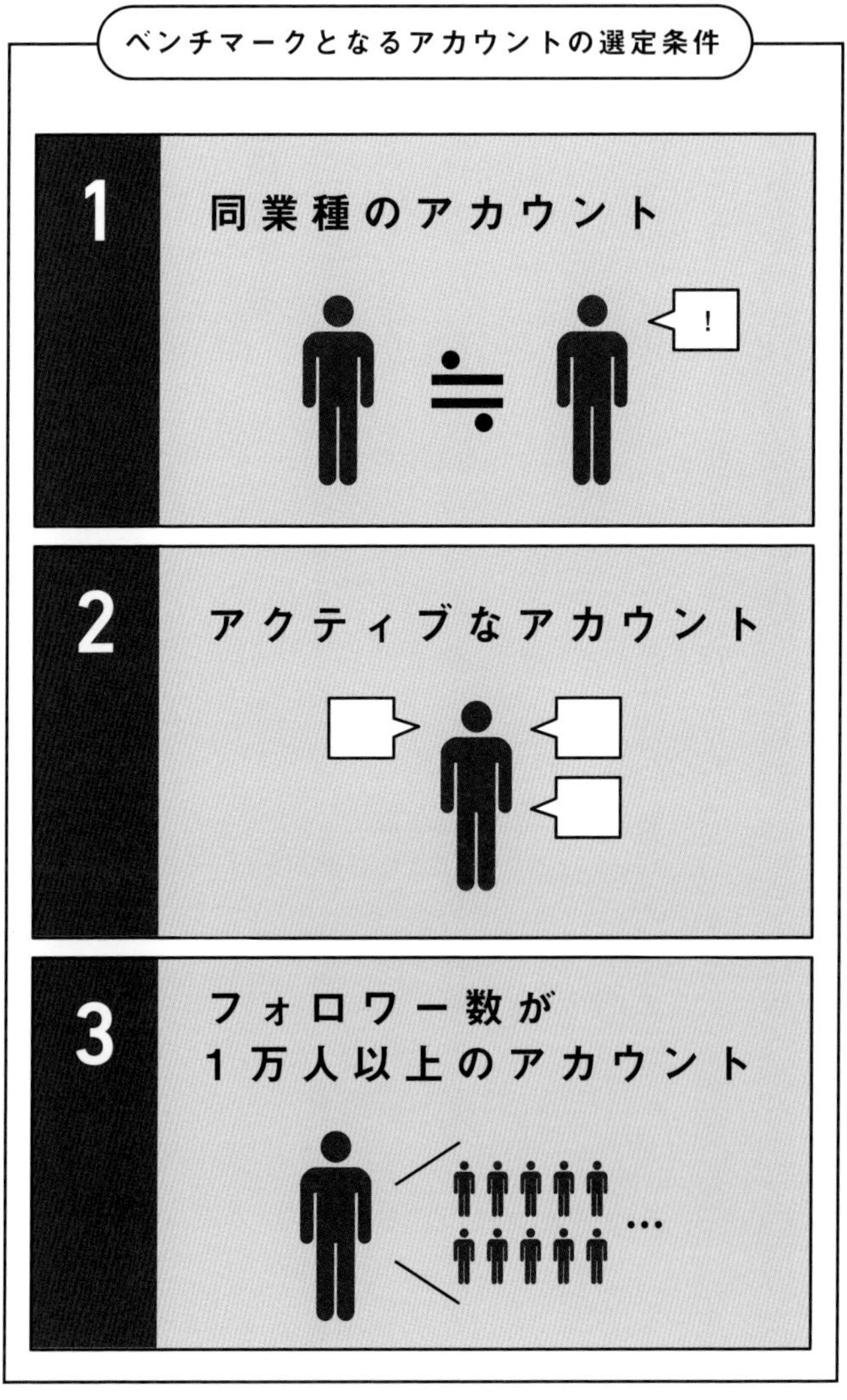
ベンチマークとなるアカウントの選定条件
1
同業種のアカウント
!
2
アクティブなアカウント
3
フォロワー数が
1万人以上のアカウント
…

08 「なんとなく運用」にならないために KGI・KPIを設定する

▼KGIを設定する

次に、Instagramを運用する上での目標設定を行います。何事も、向かう場所が決まっていなければ、いつ出発し、どういう道順で、どういう乗り物で向かえばいいのかなど、何もわからず動けません。本書であらためて解説するまでもなく、目標を設定することはとても重要です。

Instagram運用における目標設定では、具体的に「KGI」（Key Goal Indicator）と「KPI」（Key Performance Indicator）を設定する必要があります。**「KGI」は、「何をもって成果とみなすか」という最終的な目標のことです。「KPI」は、KGIに向かうための中間目標のこと**を言います。

KGIとKPIのイメージ

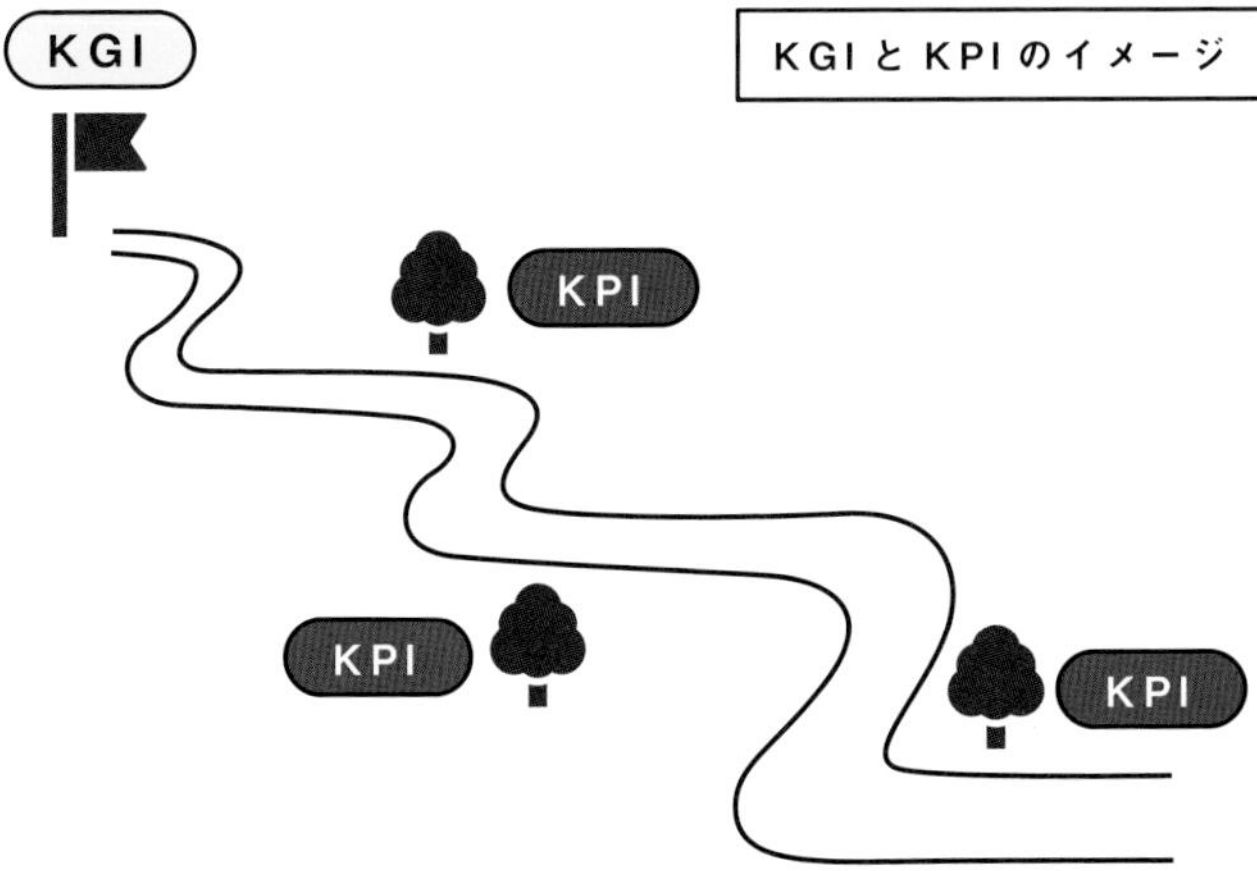

例えば、コモディティ化（ユーザーからするとすべて同じに見える状態）した業界でビジネスを展開し、商品を販売している企業があるとします。今の時代、商品自体で差別化することは難しいので、この企業は「ターゲットとするユーザーに〝環境問題に取り組んでいる企業〟というイメージを持ってもらうことで、競合他社の商品ではなく自社の商品を選んでもらいたい」と考えているとします。

その場合のKGIとしては、例えば「商品購入時のアンケートの購入理由で〝環境問題に取り組んでいるから〟や〝自分の支払ったお金で環境問題に貢献できるから〟などの項目を選択してくれる＝環境問題に取り組んでいることを購入時に考慮してくれる顧客を10％増やす」といった内容になります。

また、本章で例として紹介している「女性向けに仕事用のバッグを販売する企業」の場合、「バッグの販売」という明確な目的でInstagram運用を行っているため、ＫＧＩは「Instagram経由で売上○○円を達成すること」といった内容になります。

このように**ＫＧＩは、アカウントの運用を通して対象となるペルソナに対してどのような行動を促したいのか、また自分の会社や商品に対してどのようなイメージを持ってもらいたいのか**という目標を反映したものになります。そして設定したＫＧＩが実現するとき、それは同時に、あらかじめペルソナとして設定しておいたファンを獲得できている、ということになります。

▼第1段階のKPIを設定する

KGIを設定できたら、次にKPIの設定を行います。**KPIは、アカウントの成長段階に応じて更新していくもの**、と認識してください。ここではKPIを、3段階に分けて設定していきます。

まずは第1段階のKPIとして、投稿したコンテンツがどれだけのユーザーに届き、反応されているかを設定します。具体的には、**月平均のエンゲージメント率**になります。エンゲージメント率を算出する式は、次のようになります。

エンゲージメント率（%）＝エンゲージメント数（いいね、コメント、シェア、保存、プロフィールアクセスなどを含むその投稿の反応数）÷リーチ数

まずは過去半年の平均を取り、その1.2倍～1.5倍程度の数値を目指してクリエイティブのアプローチやハッシュタグをブラッシュアップしてみてください。**エンゲージメント率は、月平均で5%以上を目指す**とよいでしょう。

ちなみに、投稿を広告にかける場合、広告込みの数値では広告費の金額によって数値を操作できてしまいます。必ず**オーガニックの数値（広告をかけない状態の純粋な数値）で見る**ようにしてください。

目標とするＫＰＩを３ヶ月連続で達成するようになれば、もうそのアカウントにはそれだけのパワーが備わっていると判断して、第２段階のＫＰＩを目指してください。

▼第２段階のＫＰＩを設定する

届けたい人に届き、十分な反応を得られるようになったら、第２段階のＫＰＩはそのユーザーたちとどのくらいコミュニケーションを取れているかを設定します。具体的には、**フィード投稿・リール投稿に付くコメントの数**、**ストーリーズの反応率**、**ＵＧＣの数**などをＫＰＩとして設定することになります。

・フィード投稿やリール投稿に付くコメントの数
・ストーリーズの反応率（分母はストーリーズの閲覧数）
・UGCの数　など

コメント数は最大化を目指すべきですが、まずは過去半年の平均を取り、その1.2倍〜1.5倍程度の数値を設定してみてください。ストーリーズの反応率は、フォロワーの数やスタンプの内容によって変わってきます。**アンケートやクイズ、スライダーなど反応しやすいスタンプの場合は5〜10%**、外部へ遷移させる必要のある**リンクスタンプは3〜5%**、回答のハードルが高い**質問スタンプの場合は1〜3%**を目指しましょう。

UGCの数については、いきなりオーガニックでUGCが増えていく状態に持っていくことは難しいため、フォトコンテストなどのInstagram上のキャンペーンや、実店舗でのキャンペーン施策で増やしていくことになります。その場合は、それぞれのキャンペーンごとにUGCの目標数を設定することになります。キャンペーンに関して、詳しくは第5章と

第7章で解説します。

アカウントとの間でコメント、スタンプへの反応、UGCの投稿といったコミュニケーションを取ったユーザーは、そのアカウントのことを確実に認知しています。そのためコミュニケーションの内容によっては、KGIに直接貢献する可能性の高いユーザーであると言えます。

▼第3段階のKPIを設定する

第2段階のKPIを3ヶ月連続で達成できるようになったら、そのKPIでさらに上の数値を目指しつつ、第3段階のKPIを取り入れていきます。第3段階のKPIには、Instagram内での実際の「売上」にもっとも近い数値を設定します。具体的には、ショッピング機能を実装できる業種の場合は**ショッピングタグ（商品ボタン）のクリック率**、ショッピング機能を実装できない業種の場合は**ストーリーズに設置できるリンクスタンプのクリック率**や、**プロフィールに設定しているURLのクリック率**などになります。

・ショッピングタグ（商品ボタン）のクリック率
・ストーリーズのリンクスタンプのクリック率
・プロフィールのＵＲＬのクリック率　など

これらも他と同じく、過去半年の平均を取り、まずはその1.2倍～1.5倍程度の数値をＫＰＩとして設定してみてください。

この第３段階のＫＰＩは、購買、もしくは目的のページへの誘導という、具体的なアクションを取ってもらうことができたかどうかの指標となります。この最後のＫＰＩを達成することによって、ＫＧＩを実現するための最後のステップを踏むことができます。

このように第１段階から第３段階までのＫＰＩを設定し、達成していくことで、最終的な目標であるＫＧＩの実現へと近づいていきます。逆に考えると、**最終的にＫＧＩの達成へと**

近づくように、KPIを達成するための施策を考えることが重要であるということです。いくらKPIを達成できたとしても、その内容がそもそものKGIの内容と無関係なものであれば、本来の目標であるはずのKGIを達成することはできないからです。

ここまで読んで、「あれ？　フォロワー数はKPIにしないの？」と思った方がいるかもしれません。何度もお伝えしている通り、現在のInstagram運用においてそもそもフォロワー数は重要ではありません。そして、ここでお伝えしたKPIを設定して日々運用を続けていれば、フォロワー数は自ずと増えていきます。

本書を出版する個人的な目的の1つに、「フォロワー数がすべて」「フォロワー数が多いアカウントがすごい」といったまちがった風潮・認識をなくしたいという思いがあります。この本をここまで読んでくださっている皆さんについては、まちがった認識にならないように注意してください。

09 プロフィールアイコンは「判別しやすさ」を重視する

ここからは、Instagramの準備段階において必要なプロフィール設定について解説していきます。まずは、アカウントの顔になるプロフィールアイコンについてです。

アイコンに設定する画像は、基本的には会社やブランドのロゴで問題ありません。アイコンは、プロフィールページへ行くとそこそこの大きさで表示されますが、フィード上では小さく、細かいところまでは認識できません。そのため、**ユーザーはアイコンの色合いによってアカウントを判別している**という状況です。会社やブランドのロゴであれば、すでにコーポレートカラーをメインに使用したシンプルな色使いになっているかと思います。そのため、それをそのまま使用すれば問題ないでしょう。

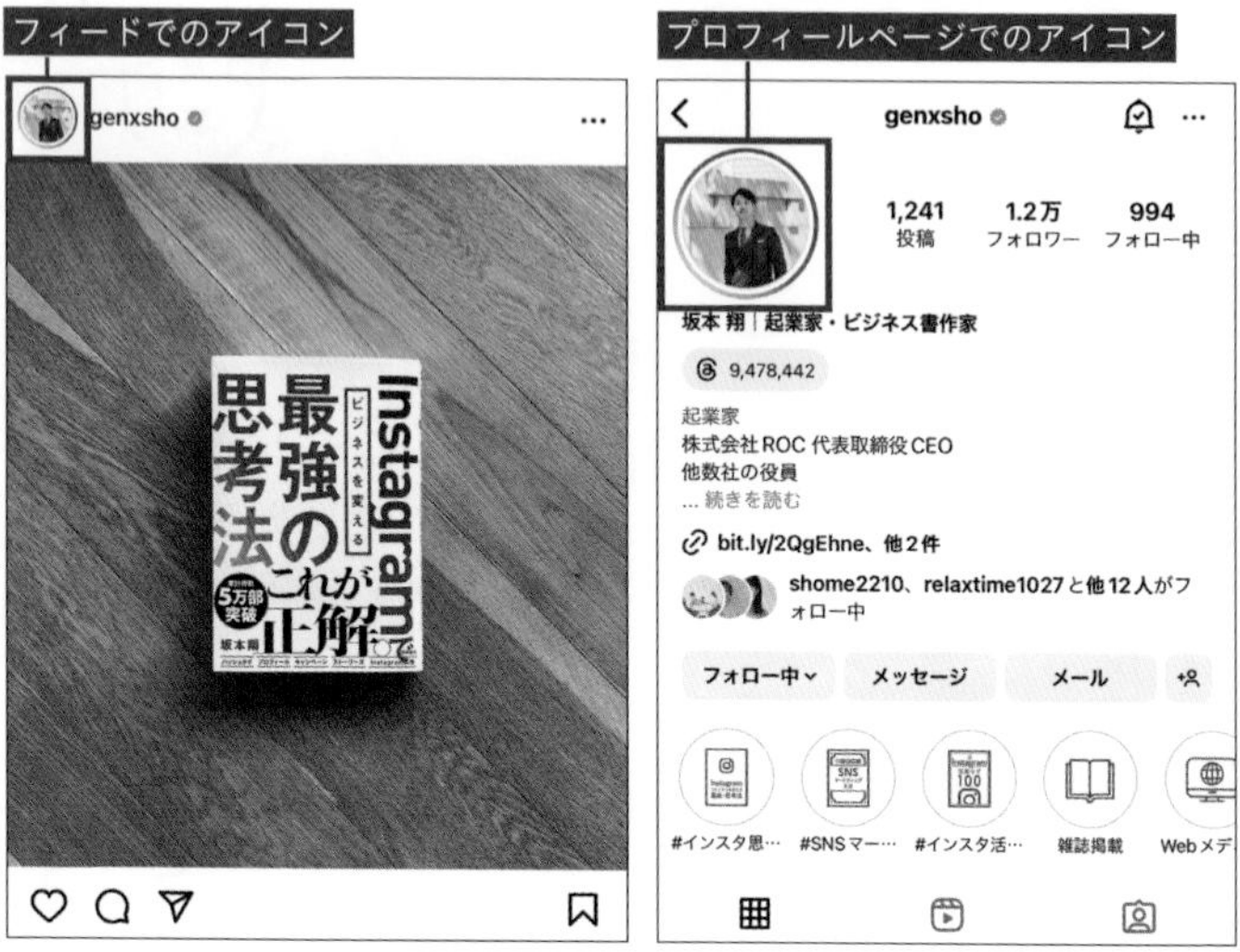

▶アイコン画像がロゴの例（色でのイメージ定着が可能）

▶アイコン画像が建物の外観の例（色でのイメージ定着が困難）

▶新規ストーリーズがアップされたときの表示

一方、お店や本社の外観写真をアイコンにすると、空や建物の色、周囲の緑の色など、複数の色が混在することになります。そのため、色でイメージを定着させることが難しくなるため注意が必要です。

また、ストーリーズの配信時やライブ配信時には、アイコンがピンク色のグラデーションで囲われます。このピンクがしっかりと目立つように、アイコンの色がピンク色のグラデーションカラーと被らないようにすることも重要です。

なお**アイコンを頻繁に変更すると、イメージが定着しません**。ユーザーは瞬間的な「印象」でアカウントを判別していますので、一度設定したアイコンはよほどのことがない限り変更しないようにしてください。

10 「ユーザーネーム」と「名前」は検索を意識して設定する

ここで、「ユーザーネーム」と「名前」についても解説しておきます。Instagramで、「ユーザーネーム」は英字のみしか設定できません。ユーザーにとって、わかりやすく、検索しやすい名前を設定しましょう。なお、すでに使用されている文字列は付けることができないので、早めに取得しておくとよいでしょう。

一方、「名前」は日本語で設定することができます。ブランド名やサービス名、企業名を、カタカナ表記が浸透しているならカタカナ、英字での表記が浸透しているなら英字など、**ペルソナとなるユーザーが検索しやすいものに設定**してください。

また、「名前」にはユーザーが検索しそうなキーワードを入れておくのもポイントです。

例えば、英会話アカウントであれば「英会話」「ビジネス英語」、女性向けビジネスバッグの販売であれば「女性向けビジネスバッグ専門店」、マーケティングであれば「SNS運用」「集客力UP」など、検索されそうなキーワードをブランド名やサービス名と一緒に「名前」の欄に入れておくとよいでしょう。

例

Teachix｜隙間時間でビジネス英語
女性向けビジネスバッグ専門店ANES
株式会社ROC｜企業SNS運用のスペシャリスト

11 プロフィール文は「最初の3行」で勝負する

次に、「プロフィール文」(自己紹介)の書き方についてご紹介します。**Instagramのプロフィールの自己紹介欄は、150文字まで**設定できます。余裕のある文字数ではないので、文章を詰め込もうとするのではなく、絵文字を使ったり、箇条書きにしたりするなど、読んでもらうというよりは視覚的に伝わる工夫をしてください。ここでも、ペルソナを想定しながら設定することが重要です。

150文字の中に盛り込む内容としては、次のようなものがあります。

❶アカウント概要

誰に、どんな情報を発信しているアカウントなのかを説明します。

❷ 根拠

実績や経験といったアカウントの根拠を、数字を使って表現します。

❸ イベントやセール情報

直近のイベントやセールの情報を掲載して、アクティブなアカウントであることをアピールします。

❹ ハッシュタグ

UGCで使用してほしいハッシュタグを掲載します。UGCの分散を防ぐことができ、UGC投稿の促進にもなります。

❺ リンクへの誘導

リンクに誘導する文言を掲載することで、関心を持ったユーザーを具体的なアクションへ導くことができます。

ここで気をつけたいのが、**プロフィール文を読むのは、そのアカウントにはじめてアクセスしてきたユーザーである場合が多い**、ということです。そのため、アカウントの概要や直近のお知らせ内容を通じて、このアカウントがどのようなユーザーを対象にしたものなのかを明確に伝える必要があります。また、そのユーザーがファンになってくれる可能性を考えて、次に取ってほしいアクションやUGCへの導線を張っておく必要があります。

▼プロフィール文の冒頭に記載するべき内容

Instagramのプロフィール文は、スマートフォンからの閲覧の場合、4行以上になると「続きを読む」によって折りたたまれてしまいます。そのため、必ず表示される**最初の3行に何を書くかが重要**です。先ほどの例で言うと、❶か❷の内容を冒頭に記載するようにしてください。また、読みやすくするために改行したり、行間をしっかり取ったりすることも重要です。

例えば、女性向けにビジネスバッグを販売する企業アカウントのプロフィール文の例をご紹介します。ここではファン候補のユーザーも引き込めるよう、自社製品の宣伝ではなくコーディネート推しでコンテンツを作成すると仮定しています。

女性向けビジネスバッグ専門店ANES
毎日忙しい女性へ。ビジネスバッグが映えるコーディネートをご紹介。❶
ANESのバッグは、職人が1つずつ製作するため製作個数は1日10個ほど。毎回入荷の度に1日も持たずに完売！❷
ユーザー様の声は #anes からご覧いただけます。❹
神戸PLUSで10月31日までポップアップ開催中！❸
▼詳細はこちら❺
～ポップアップのURLが入る～

その他、プロフィール文をうまく設定している実際の事例をいくつかご紹介しますので、ぜひ参考にしてみてください。

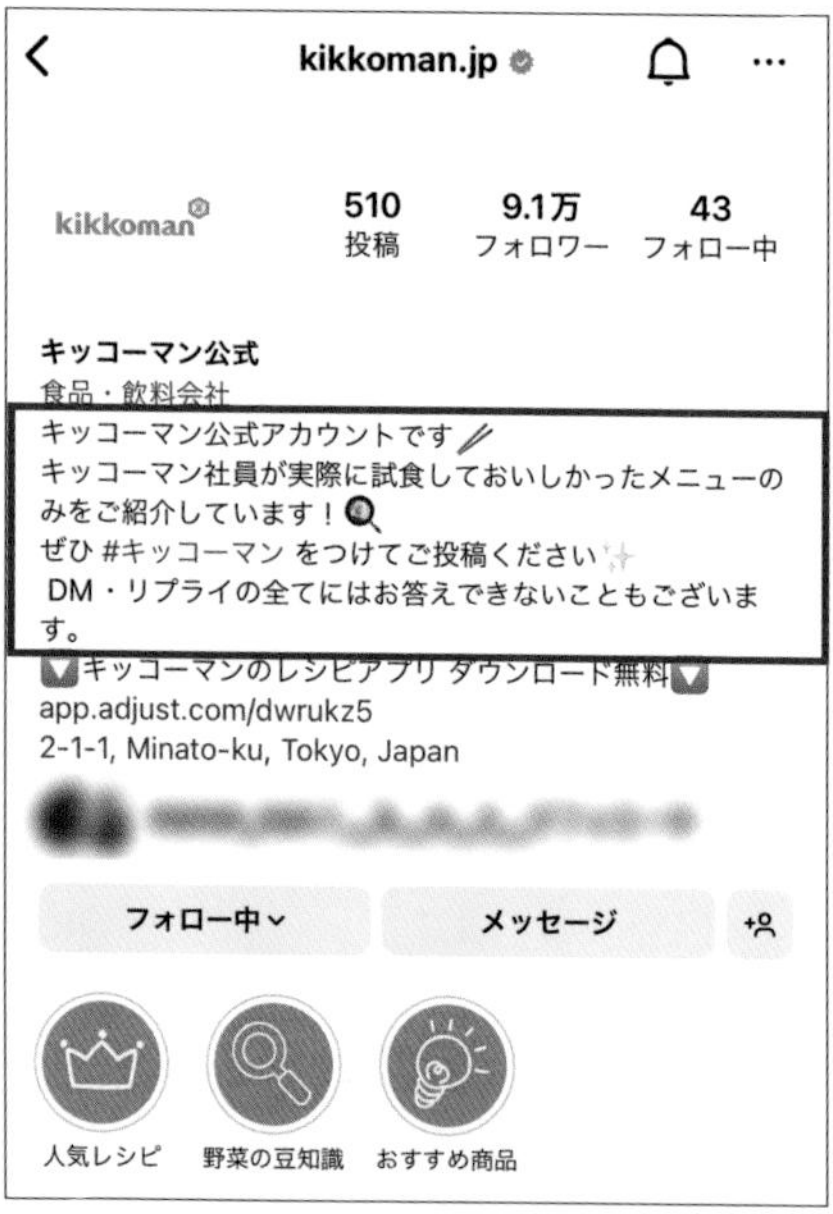

kikkoman.jp

「キッコーマンの商品を使って、キッコーマンの社員が実際に試して美味しかったレシピを紹介している」という、コンセプトとターゲットが明確な事例です。UGC投稿の際に付けてほしいハッシュタグが示されている点もGOOD。

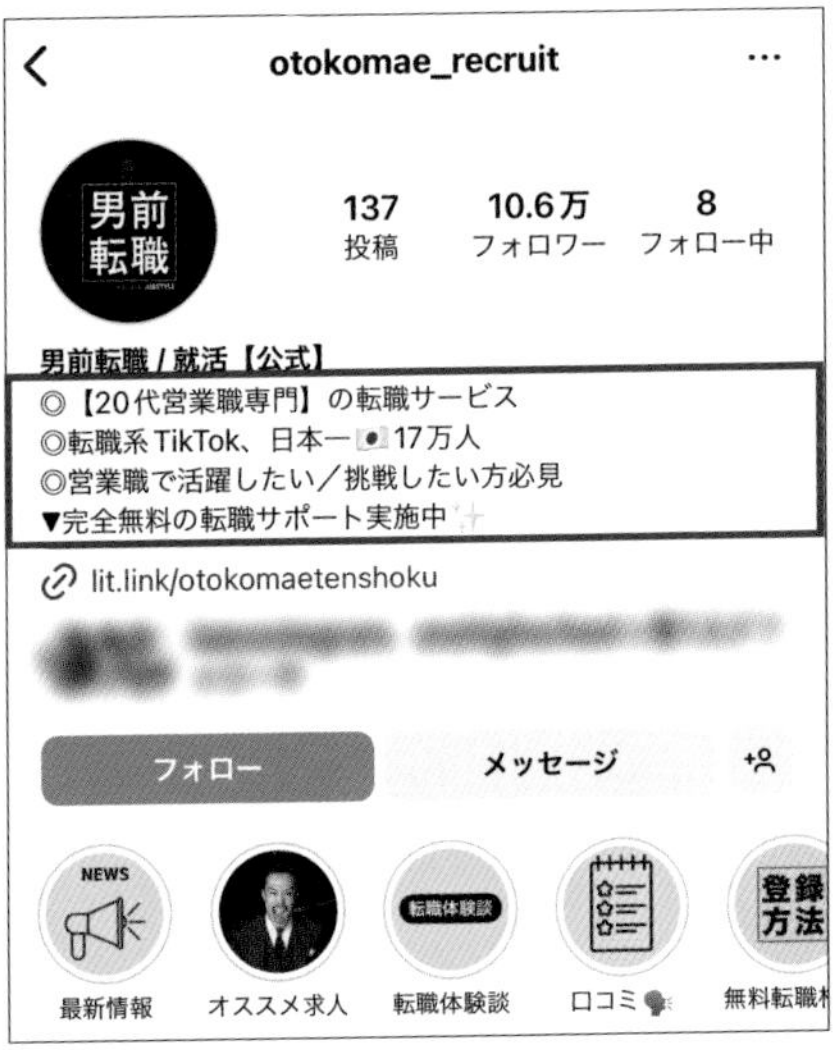

otokomae_recruit

どのターゲットに何を提供しているかが明確で、実績も記載できており、箇条書きで見やすくまとめられています。ハイライトの色合いも、アイコン画像とコントラストがはっきりしており、使用している色も少ないためメリハリがあってプロフィールページ全体が整って見えます。

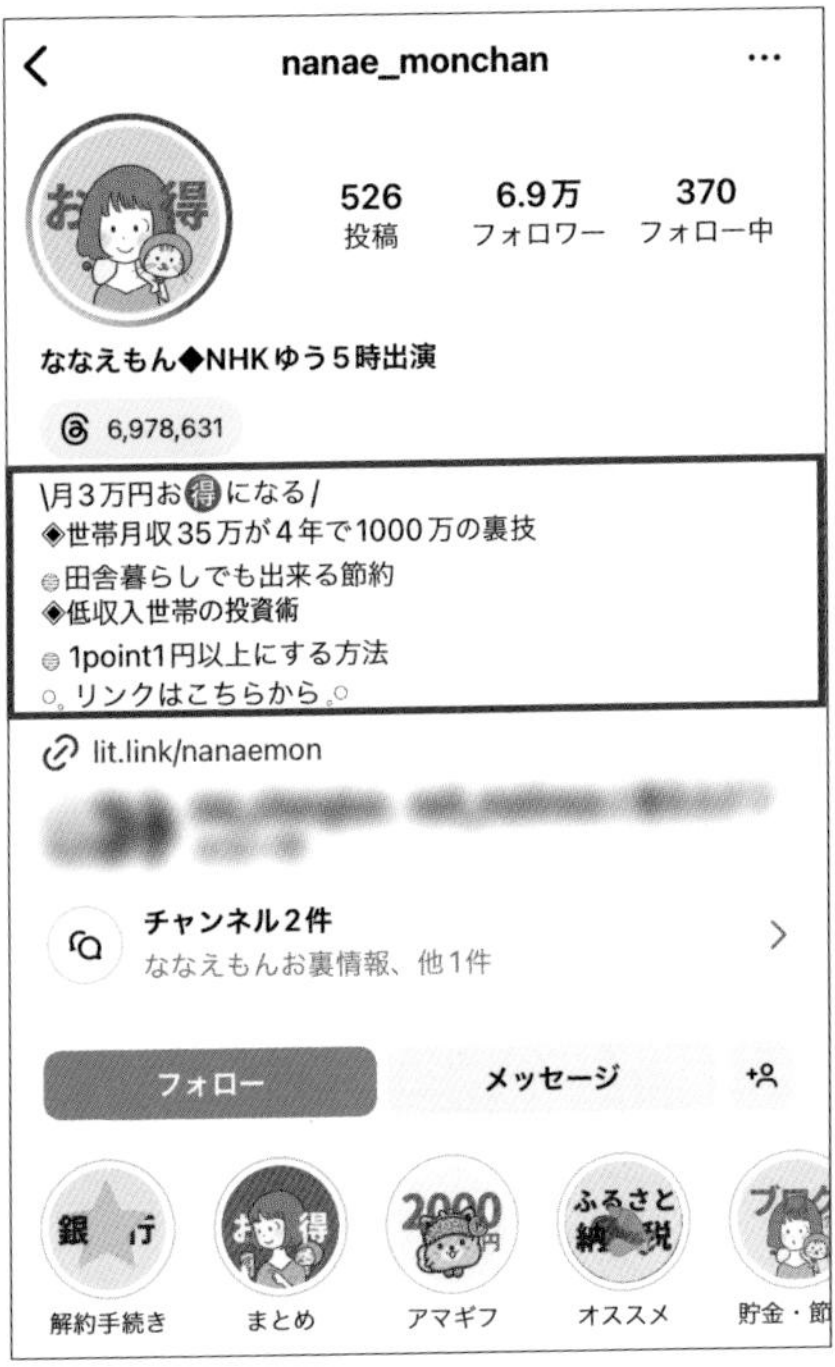

nanae_monchan

具体的に金額（数字）を書くことでターゲットを明確にしている点がGOOD。さらに「田舎暮らし」「低収入」という言葉で、その数字の意味を補強しています。名前の欄にメディア実績を入れることで、権威性を表現して信頼獲得にもつなげられていると言えます。

12 リンク欄には「入口商品のURL」を設定する

Instagramでは、フィードやリールのキャプションにURLを貼ってもリンク化しません（ストーリーズにはリンクスタンプを使ってリンクを貼ることが可能です）。そのため、プロフィールにURLを設置できるリンク欄は貴重で、どのページへのリンクを設定するのかはよく考える必要があります。また現在の仕様では、URLはプロフィールの文字数制限150文字の中に含まれません。しかし、URLのリンク先を示す説明を入れる場合、それは150文字に含まれるので注意してください。

このリンク欄について、深く考えずに「ウェブサイトのトップページに設定している」という企業が多いのですが、それはまちがいです。第1章でお伝えした通り、Instagramはフルファネルで活用できるソーシャルメディアです。とは言え、プロフィールのリンク欄をクリックするユーザーは初見のユーザーが多いことを考えると、その入口部分に誘導する方が効果的です。そのため、**リンク欄には入口商品**（パルス消費ですぐに購入できる値段的にもハードルの低いもの）**に誘導できるURLを設定しておくべき**であると言えます。それにより、ファン化への第一歩となるアクションを、リンク欄を通じて実現することができます。

例えば、次のようなイメージです。

●化粧品や健康食品などのECアカウント

ECサイトのトップページではなく、無料サンプルや安価で購入できる数日分のお試しパックなど、入口商品の申込みができるURLを設定します。

●新卒採用を目的に運用している企業アカウント

会社サイトや求人媒体のトップページではなく、1対多で開催している新卒向けの会社説明会の申込みができるURLを設定します。

●サステナブルな取り組みを伝える目的で運用している企業アカウント

会社サイトのトップページではなく、サステナブルな取り組みを紹介しているページのＵＲＬを設定します。

▼リンク欄はキャンペーンごとに更新する

Instagramのこのリンク欄は、前述のアイコンとちがい、節目で変更してもよい場所になります。例えばInstagram内でキャンペーンや期間限定のイベントを実施している場合は、プロフィールの自己紹介もそれに合わせた文章に変更し、ＵＲＬもキャンペーンやイベントの詳細が記載されたＬＰへのリンクに変更するべきと言えます。例えば、次ページのようなイメージです。繰り返しになりますが、Instagramでファンを作っていく上で、プロフィールのリンク欄はとても重要です。理由もなく「なんとなく」で設定しないように気をつけてください。

●通常時のプロフィール

女性向けビジネスバッグ専門店ANES

毎日忙しい女性へ。ビジネスバッグが映えるコーディネートをご紹介。

ANESのバッグは、職人が1つずつ製作するため製作個数は1日10個ほど。毎回入荷の度に1日も持たずに完売！

ユーザー様の声は #anes からご覧いただけます。

30日間は返品&交換が無料のフリートライアル実施中！

通常時の文言

▼対象商品はこちら

~URLが入る~

通常時のURL

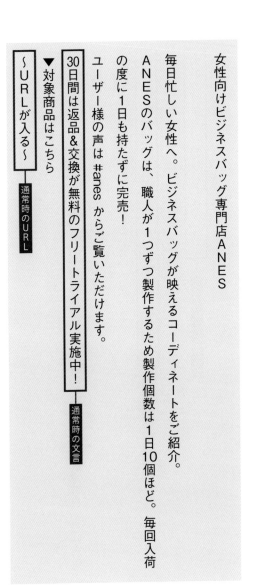

●キャンペーンやイベント時のプロフィール

女性向けビジネスバッグ専門店ANES

毎日忙しい女性へ。ビジネスバッグが映えるコーディネートをご紹介。

ANESのバッグは、職人が1つずつ製作するため製作個数は1日10個ほど。毎回入荷の度に1日も持たずに完売！

ユーザー様の声は #anes からご覧いただけます。


神戸PLUSで10月31日までポップアップ開催中！ ―― キャンペーン時の文言

▼詳細はこちら

～ポップアップのURLが入る～ ―― キャンペーン時のURL

13
ハイライトには「最初に見てほしい情報」をまとめておく

プロフィール関連の解説が続きましたが、本節の「ハイライト」で最後です。「ハイライト」は、24時間で消えるストーリーズを、24時間経過後もプロフィールページに残しておける機能です。ハイライトはプロフィール文章のすぐ下、投稿の一覧よりも上に表示されるため、とても目立つ場所にあります。にも関わらず、特に目的なく投稿したストーリーズを設置しているだけだったり、そもそもハイライトを設定していないアカウントもあったりします。これは、非常にもったいないです。

プロフィールページにおいて、ハイライトはフィードに投稿したコンテンツの一覧よりも先に目に入るため、**「はじめての人に最初に見てほしい情報」や「フィードに投稿してしまうとビジュアル的に世界観が崩れてしまうようなコンテンツ」をまとめる場所として活用す**

るとよいでしょう。例えば飲食店の場合、次のようなハイライトのラインナップになります。

● お知らせ

営業時間の変更など、実際に来店を検討しているユーザーに把握しておいてほしい情報を設置します。

● 期間限定商品や新商品の紹介

季節に応じた期間限定商品などは来店意欲を高めるため、フィードでも紹介しつつハイライトにも残すとよいでしょう。

● スタッフ紹介

飲食店の場合、実際の来店時に接客してくれる人や、料理を作っている人の顔が見える方が安心です。また、そのスタッフの趣味や出身地などの情報があれば、Instagramを見て来店してくれたユーザーとの会話のきっかけにもなります。

● イベント＆キャンペーン情報

店舗でイベントやキャンペーンを実施する場合は、ストーリーズでお知らせをして、それをハイライトに残すのが適切です。イベント終了後にもプロフィール内に情報が残っていると誤解を生む可能性もあるので、フィードには宣伝を残さないようにします。

● UGC（＃〇〇〇）

来店してInstagramにアップしてくれたユーザーの投稿（UGC）をストーリーズで紹介する場合は、必ずハイライトに残してください。実際のお客様の声は、どんな宣伝文句よりも強力です。

●アクセス

実店舗があるアカウントの場合、はじめて来店するユーザー向けに、最寄り駅からの道順など、お店までのアクセスを確認できるハイライトを作っておくべきです。

ハイライトのカバーは、**プロフィールのアイコンに合わせたカラーでピクトグラムのような画像を作成して設定するのが一般的**です。デフォルトでは、ハイライトに入れたストーリーズの内容からカバーを選択することになりますが、それではプロフィール全体がきれいにまとまらず、統一感が出せません。必ず、ハイライト用の画像を別に作成し、設定するようにしてください。次ページ以降でハイライトのカバーの参考になるアカウントをご紹介しますので、参考にしてみてください。

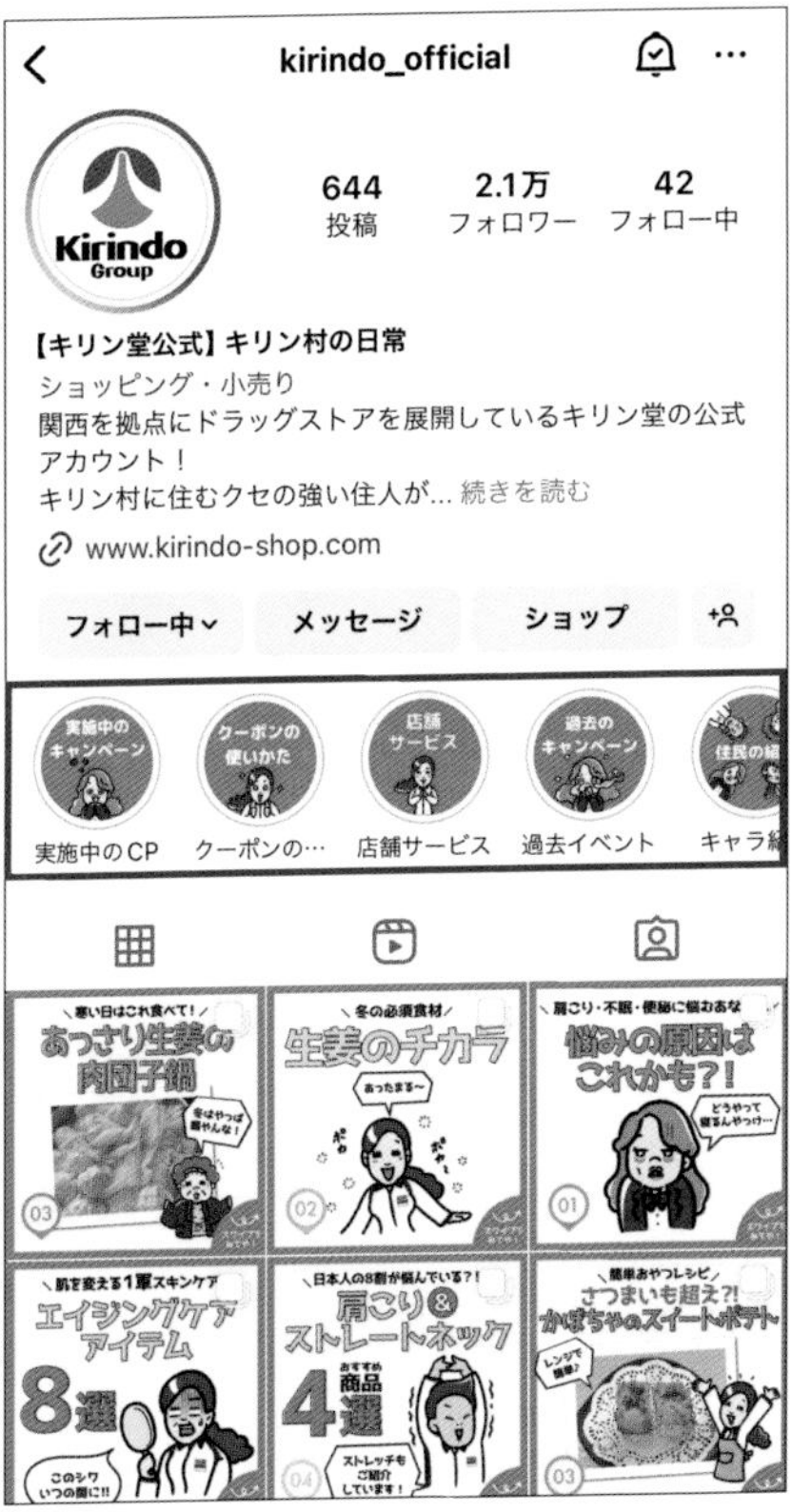

kirindo_official

フィード投稿に登場するキャラクターを活用したハイライトカバーの好例。色味もフィード投稿の表紙画像と統一されており、プロフィール全体が一体感のある整った印象を受けます。

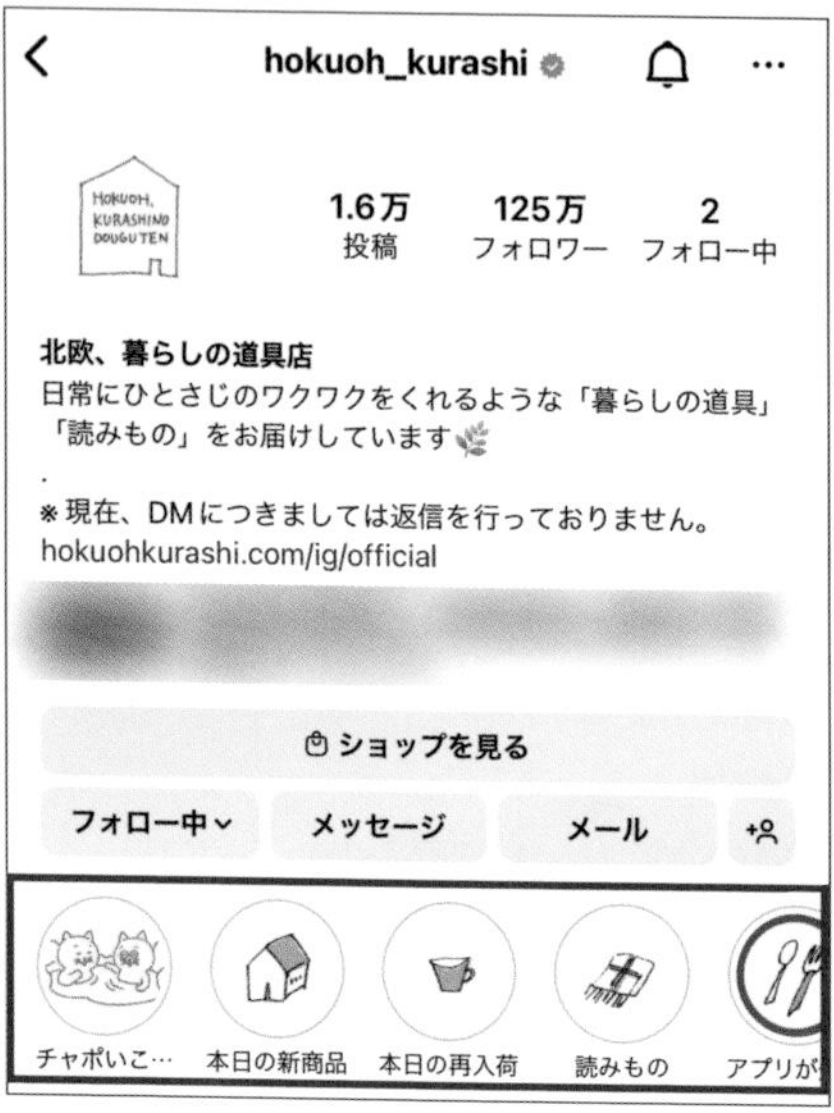

hokuoh_kurashi

アイコンと統一された手書き風の画像で、ハイライトカバーを設定しています。企業アカウントの場合は、「アイコンに設定しているロゴとテイストやカラーを合わせる」という手法が一般的です。

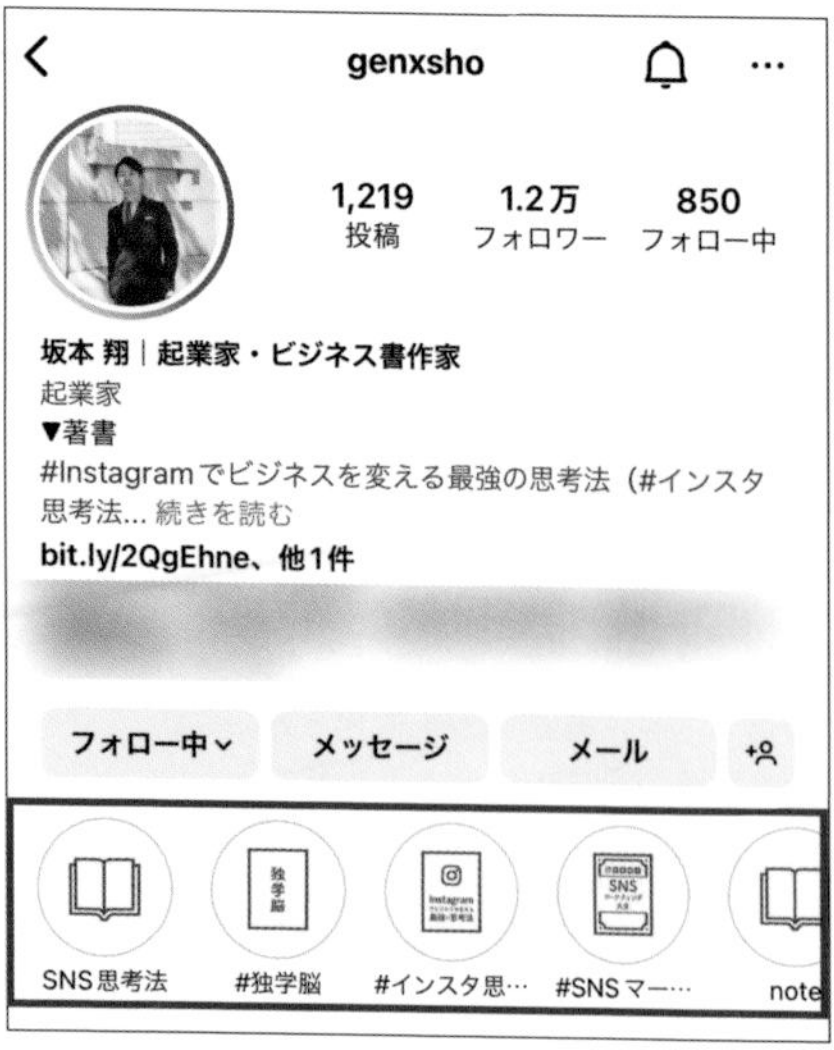

genxsho

個人のアカウントの場合、自分のイメージカラー（筆者の場合は濃いめの青色）が入った写真をアイコンに設定しているはずなので、それに合わせるとよいでしょう。

COLUMN

「インスタ映え」の時代は終わった

2017年の流行語大賞（ユーキャン新語・流行語大賞2017）に「インスタ映え」が選ばれたことを覚えているという方も多いと思います。「インスタ映え」という言葉は、Instagramに写真を投稿したときに見栄えがよく、おしゃれでフォトジェニックな写真であることを表現するときに使われます。しかしInstagramはもう、そのような世界ではなくなってきています。

Instagramはもはや、映えるフォトジェニックなコンテンツではなく、リアリティがあり、それぞれのユーザーにとって有益なコンテンツが支持されるプラットフォームへ変化しているのです。また、それは「インスタ映え」するおしゃれな写真をアップしてユーザーからの憧れを集めていたインフルエンサーの時代ではなくなったことも意味しています。

現在は、憧れを抱くような、心理的距離の遠いトップインフルエンサーではなく、コメントに対して必ず返信をくれて、ライブ配信を頻繁に実施してフォロワーとコミュニケーションをとっているような、小規模でも身近に感じられる、距離の近いインフルエンサーが支持されるようになっています。このような小規模なインフルエンサーを、「マイクロインフルエンサー（フォロワーが1万人〜10万人程度）」や「ナノインフルエンサー（フォロワーが1千人〜1万人程度）」と呼んだりします。

コンテンツで言うと、「きれい」や「かわいい」の時代ではなく、「勉強になった」「役に立った」と思われるコンテンツがユーザーからのリアクションを集められます。アカウントで言うと、憧れるアカウントではなく、身近で距離が近く、コミュニケーションをとってくれるアカウントのフォロワーが増えていく時代です。この大前提を理解できていないと、今のInstagramでは勝ち目がないと心得てください。

第3章

アルゴリズムの思考法

01

Instagramにおける「アルゴリズム」の重要性

ここまでのところで、Instagramにおけるアカウント運用の基本的な考え方や、実際に運用を始める前に必要な準備についてお伝えしてきました。この章では、実際の運用に必要不可欠なInstagramのアルゴリズムについてお伝えしていきます。

Instagramはアルゴリズムを用いて、フィードやストーリーズ、リール、発見タブなど、それぞれの場所で、**各機能の利用目的に沿ったパーソナライズを行っています**。パーソナライズとは、ユーザーの属性や行動履歴を把握して適切な投稿を届ける手法のことを指します。このパーソナライズによって、ユーザーは自分の関心がある投稿を見落とさないしくみになっているのです。

シグナルによって成り立つ Instagramのアルゴリズム

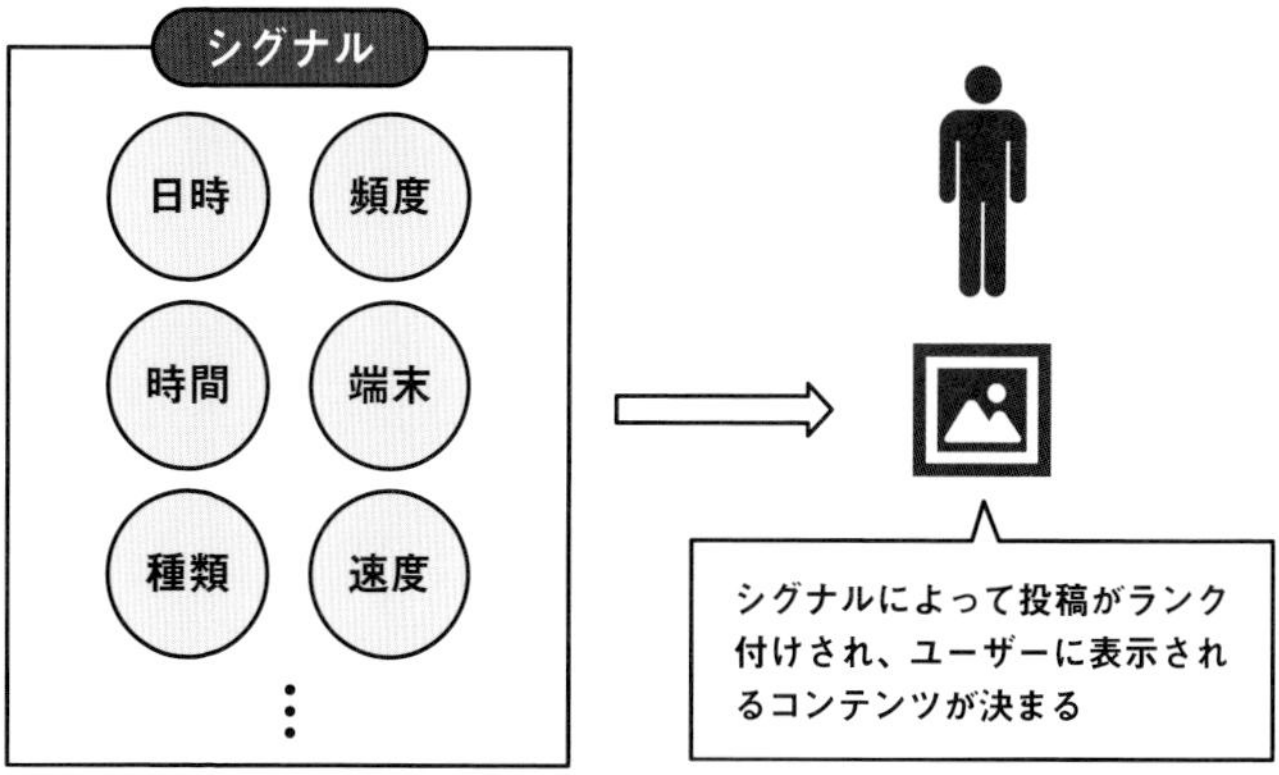

Instagramのアルゴリズムは、「シグナル」と呼ばれる、数千もの要素から成り立っています。アルゴリズムを構成するシグナルは、投稿が公開された日時、過去にやり取りしたユーザー、プロフィールへ行った頻度、投稿を見ている時間、使っているのはスマートフォンかパソコンか、エンゲージメントの種類やエンゲージメントがつく速度など、ユーザーがInstagram上で起こすアクションや投稿内容など、多岐に渡ると言われています。これらのシグナルによって投稿はランク付けされ、このランクに基づいて、投稿を表示するユーザーやコンテンツが決定されます。

▼アルゴリズムの正しい理解が重要

このようなアルゴリズムのしくみは、もともとFacebookから来たものです。Instagramは、2012年にFacebook社（現Meta社）に買収されました。2016年頃までフィードの並びは時系列でしたが、その頃すでにFacebookは、「エッジランク（関係×関心×新しさ）」という基準をもとに、フィードのコンテンツをパーソナライズして並び替えていました。そのFacebookのしくみをベースにInstagramのフィードもパーソナライズされるようになったのです。

この章でご紹介するアルゴリズムを理解しておくことで、コンテンツ制作などの際に正しい判断ができるようになります。例えばエンゲージメントの中では、**「いいね↓コメント↓保存」の順に、「保存」がもっとも価値が高い**とされています。こうしたアルゴリズムのルールを知っておくことで、「キャプションや画像の中で保存を促し、保存数を多く獲得できれば、より多くの人に拡散していくのではないか」といった正しい判断のもとで投稿を行うことができます。

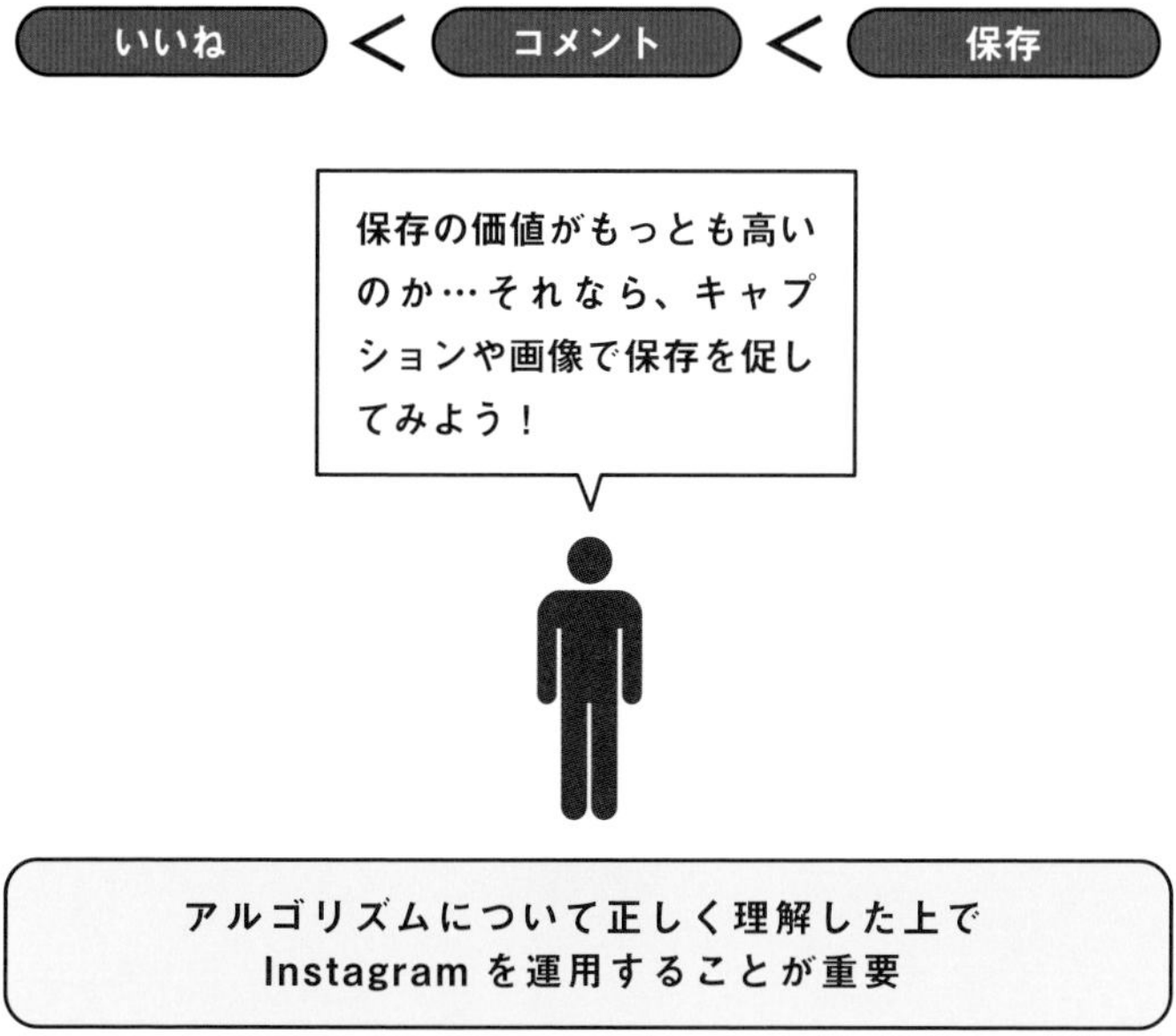
いいね
<
コメント
<
保存
保存の価値がもっとも高いのか…それなら、キャプションや画像で保存を促してみよう！
アルゴリズムについて正しく理解した上で
Instagram を運用することが重要

反対にアルゴリズムのしくみを知っておかないと、ターゲットとしているユーザーに自分のコンテンツを適切に届けることが難しくなってしまいます。そのためアルゴリズムを正しく理解しておくことは、Instagramを運用していく上で非常に重要になってくるのです。以降のページで、さまざまな投稿ごとのアルゴリズムのしくみについて詳しく解説していきます。

02

「フィード」のアルゴリズム

最初にご紹介するのは、「フィード」のアルゴリズムです。**フィードでは、フォローしているアカウントが投稿した最近のコンテンツに加えて、「フォローはしていないが興味を持つ可能性のあるアカウントの投稿」もおすすめとして表示され**、これらのコンテンツがバランスよく配置されています。ユーザーが興味を持ちそうな投稿の判断は、最近フォローしたアカウントや、いいねなどのアクションを実行したコンテンツなど、さまざまな要素に基づいて判断されます。

フィードでは、重要とされるシグナルが4つ発表されています。重要度順に解説していきます。

❶アクティビティ

もっとも重要とされるのがアクティビティです。アクティビティとは、過去に閲覧者が投稿に対して行った、いいねなどの反応のことです。つまり、過去にその閲覧者がどのような投稿に反応をしてきたかによって、興味を示すであろう投稿が判断され、優先的に表示されます。

❷投稿の情報

次に、「その投稿に対してどれくらいの人がいいねなどのアクションを起こしたのか」という「投稿の情報」が重視されます。いいね・コメント・保存などのアクションの数に加えて、それらのアクションがどれくらい早く実行されたのか、という速度も重要とされています。

また、投稿日時が新しい方が優先されたり、その閲覧者が興味を持ちそうなエリアの位置情報が入った投稿の方が優先されたりするなど、投稿の日時や位置情報なども、フィードの表示に影響します。

❸ 投稿者の情報

これは、投稿者に対して閲覧者がどれくらい興味を抱く可能性があるかを把握するためのシグナルです。直近数週間で、投稿者に対してユーザーがどれくらいの反応（滞在時間、コメント、いいね、保存、プロフィールアクセス）をしたのかによって判断されます。投稿者のアカウントが多くのユーザーから反応を集めていたり、投稿者と閲覧者が直近でたくさんやり取りをしていたりすると、フィードで優先表示されやすくなります。

❹ 閲覧者と特定の人との交流履歴

閲覧者と特定の人とのやり取りの情報（互いの投稿にコメントをしているかどうかなど）から、その投稿やアカウントにどれくらい興味を持つのかを把握するためのシグナルです。つまり、人に対する興味・関心を測ることで、できるだけストレスを感じない・興味を持つであろう人の投稿が優先的に表示されるということです。

さらに、フィード投稿のランク付けには、特に以下の5つのアクションが重要とされてい

フィードの4つのシグナル

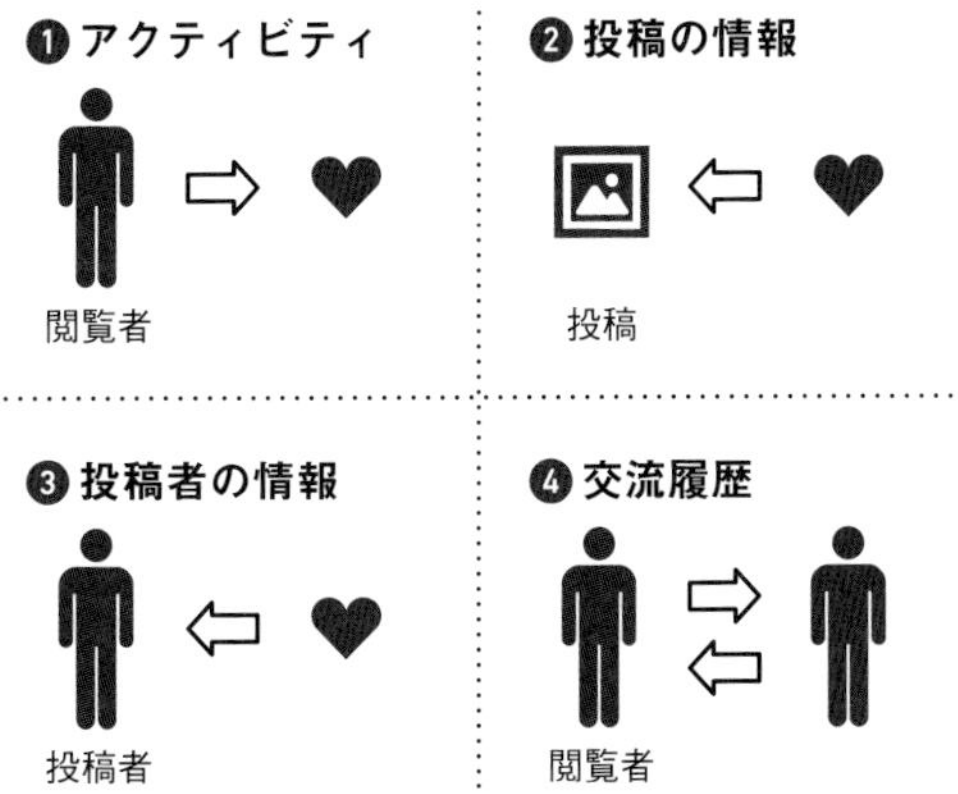

ます。これらのアクションの数が多い投稿ほど優先的に表示されます。

- 投稿の滞在時間
- いいね数
- コメント数
- 保存数
- プロフィールへのアクセス数

そのため、これら5つの反応を集めることに意識を向けて、コンテンツを作成する姿勢が大切です。こうした姿勢が結果的に、フィードの4つのシグナルすべてによい影響を及ぼすことになります。

03
「ストーリーズ」のアルゴリズム

続いて、「ストーリーズ」のアルゴリズムについて解説します。ストーリーズは、没入感のある縦型フォーマットで気軽に日常をシェアでき、その人のことをより近くに感じられる機能です。**基本的には、フォローしている人のストーリーズが表示されます**。

コンテンツが縦に並ぶフィードとは異なり、ストーリーズはアイコンが横に並ぶ仕様になっています。そのため、アイコンをタップして開くまでコンテンツの中身は見られないようになっています。**表示の優先度が高いものほど、左側に集まる**形になっています。

Instagram公式では、「次のようなさまざまなインプットシグナルを考慮します」という文章とともに、次の3つのシグナルが紹介されています。フィードのアルゴリズムと異なり、重要度順に並んでいるわけではないことに注意してください。

▶ストーリーズが並ぶ場所

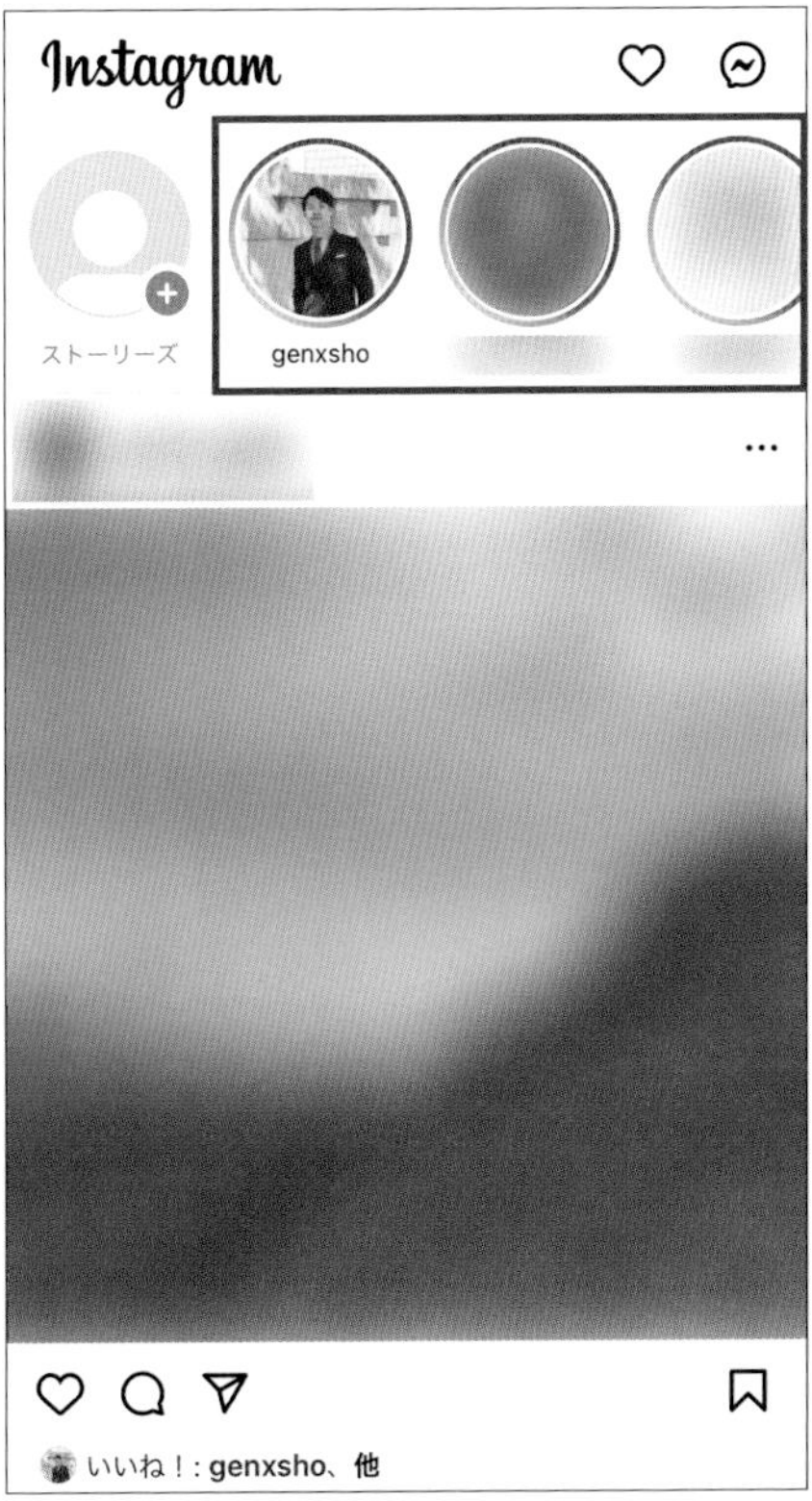

ストーリーズのアイコンは横に並び、表示の優先度が高いものほど左側に表示される。

❶閲覧履歴

各アカウントのストーリーズを閲覧している頻度を見ることで、閲覧者自身が見逃したくないと思われるアカウントのストーリーズを優先します。フィードで言うと「アクティビティ」に近いシグナルと言えます。

❷エンゲージメント履歴

そのアカウントのストーリーズに対して、閲覧者がいいねやスタンプへの反応、DM送信などのアクションを実行している頻度を考慮し、表示順位を決めます。フィードで言うと「投稿の情報」と「投稿者の情報」に近い基準と言えるかもしれません。

❸関係の近さ

相互やり取りの情報などから、投稿者と閲覧者の総合的な関係性を把握し、友人や知人、家族である可能性がある場合に優先的に表示します。フィードの「交流履歴」に近いシグナルと言えます。

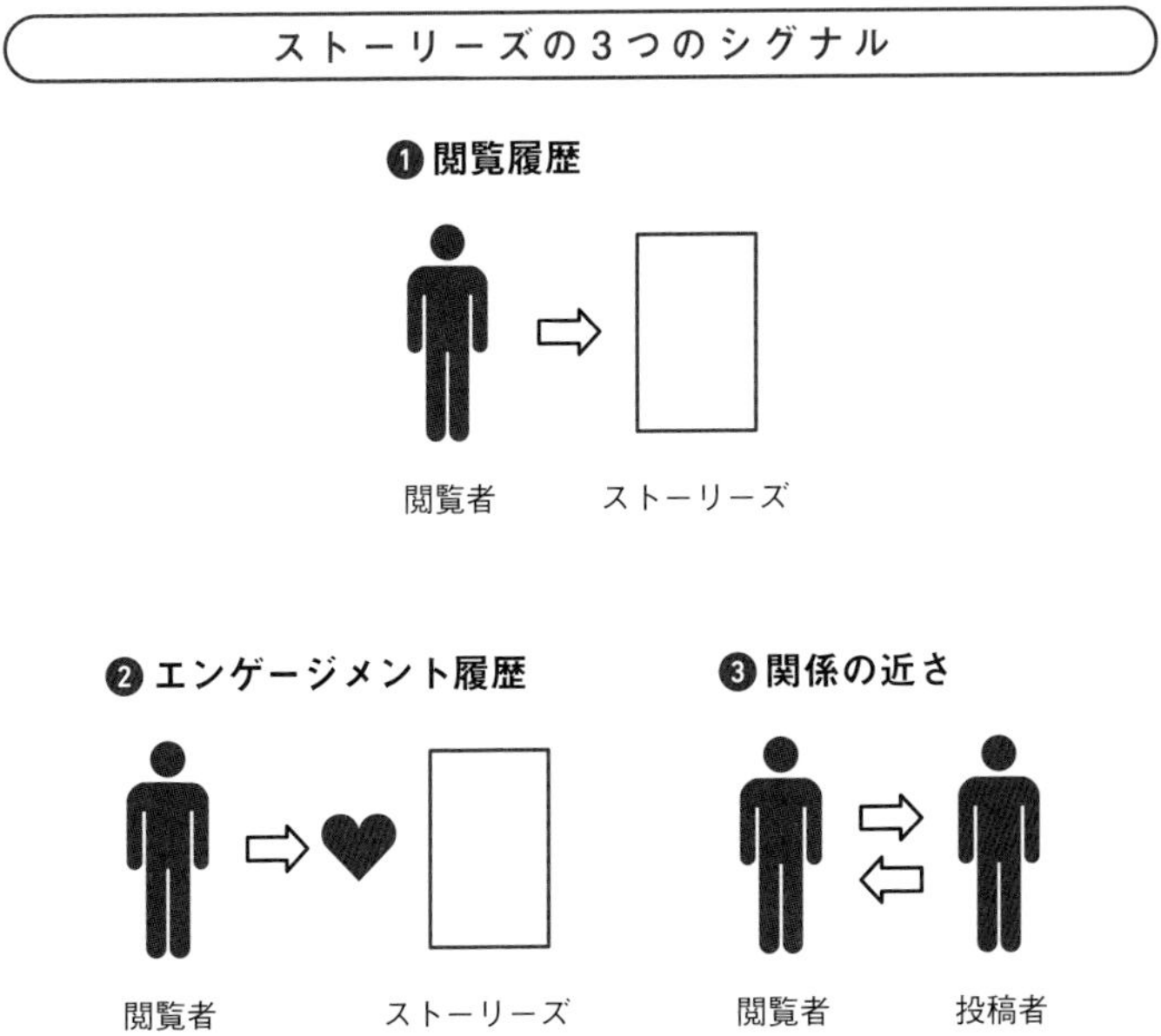

Instagramでは、これらのシグナルに基づいて、ストーリーズをタップして見る可能性、ストーリーズに返信する可能性、次のストーリーズに進む可能性などの予測を行うことで、ストーリーズの表示順を決定しています。これらのシグナルを意識して、ストーリーズの投稿や運営を行う必要があります。

04

「リール」のアルゴリズム

次は、「リール」のアルゴリズムについて解説します。リールタブでは、次に紹介する発見タブと同様、**原則として自分がフォローしていないアカウントのリール投稿が表示されます**。

リールタブでは、「コンテンツの面白さ」が優先的に表示されるかどうかの基準になります。この「コンテンツの面白さ」を測る基準として、そのリール動画が最後まで見られたかどうかを示す「視聴完了率」、閲覧者がリール動画に反応したかどうかを示す「反応数」、リール動画を作ってみたい気持ちになったかどうかを示す「音源ページへの遷移」が、重要な指標とされています。

❶視聴完了率

「視聴完了率」を高めるためには、音楽に合わせて動画の切り替えを行うなど、閲覧者を飽きさせずに最後まで見てもらうための工夫が大切です。また、音を出さなくても内容を理解できるように、動画内に字幕を入れるといった方法も効果的です。また、できる限り短尺の動画にするというのも1つの手法と言えます。

❷反応数

「反応数」は、いいね、コメント、保存、シェア（紙ヒコーキのマークからストーリーズに追加されたり、他のユーザーへ共有されたりなど他者へのシェアを指す）など、反応が多いリールが優先的に表示される傾向があるということです。

❸音源ページへの遷移

閲覧者が自身でも「リールを作りたい」と思えるコンテンツかどうかも、リールタブでの露出を決める重要指標の1つです。そのため、自分の動画を見たユーザーが同じ音源を利用してコンテンツを作成すると、その元の動画は優先表示されやすくなります。

その他、リールで重視されるシグナルは以下の通りです。こちらも、重要度順に解説していきます。ちなみに、❶と❷は、TikTokもよく似たしくみになっています。

❶アクティビティ

リールタブでは、閲覧者が最近どんなリールにリアクションをしたのかがもっとも重視されます。視聴を完了したかどうか、いいねなどの反応をしたかどうか等の行動をもとに、閲覧者の興味関心に合ったリールをInstagramが選定し、優先的に表示します。

❷投稿者との交流履歴

閲覧者と投稿者とのやり取りの情報から、閲覧者がその投稿にどれくらい興味を持つかを把握します。例えば、「過去にリアクションをしたことはあるが、フォローはしていないアカウント」のリール投稿がある場合、それを優先して表示します。

❸ 投稿の情報

その投稿が視聴完了されたかどうか、いいねなどの反応をどれくらい獲得しているかなど、リール動画自体に関するシグナルです。リールに使った動画の解像度や、その動画内で使用した音源も、「投稿の情報」に含まれます。解像度の低い動画は避けた方がよく、人気の音源は音源自体に関心を持つユーザーが多いため、リールタブに表示されやすい傾向にあります。

❹ 投稿者の情報

直近数週間で、投稿者のアカウントに対してどれくらいのユーザーが反応したのか、フォロワー数がどのくらいあるのかが重視されます。ただし、リールでは重要度4位のシグナルのため、フィードに比べると重要度は低いと言えます。そのため、例えフォロワー数が少ないアカウントであっても、リールタブでは優先的に表示されることがあり、フォロワー以外に拡散する可能性が十分にあるということになります。

リールの4つのシグナル

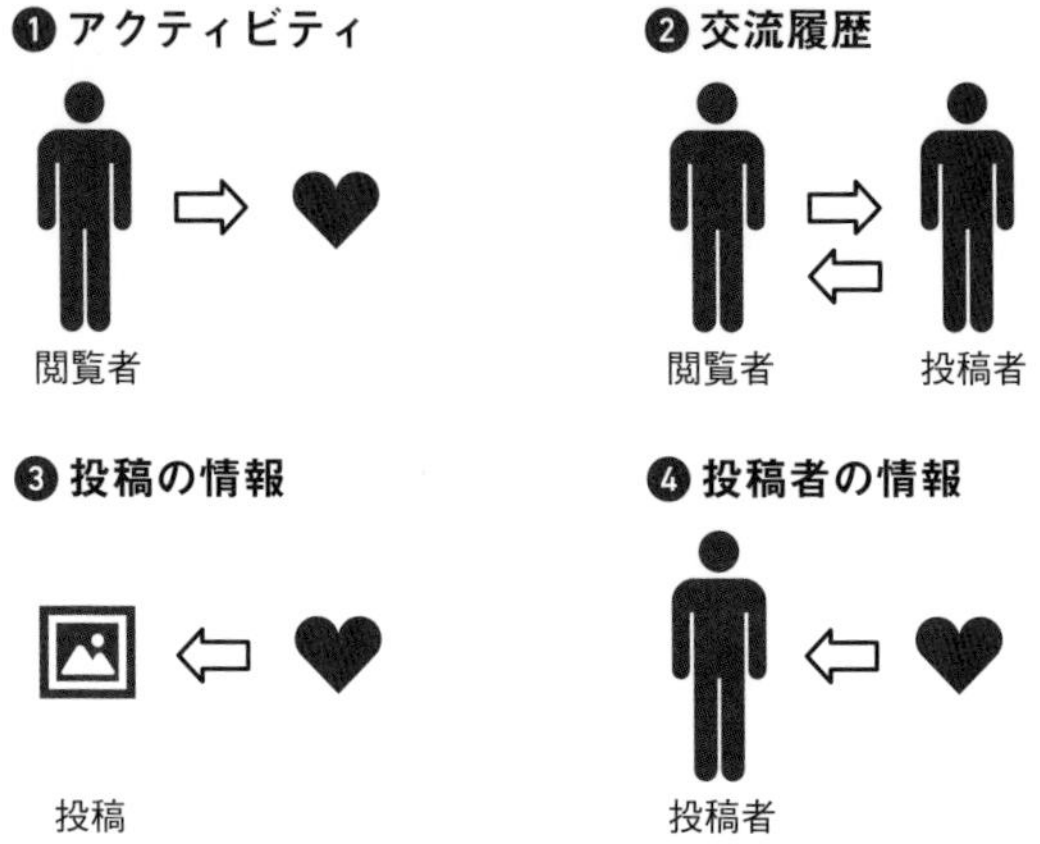

リールのアルゴリズムを総括すると、**投稿自体が反応を集められているかどうかや投稿者自身の人気度よりも、閲覧者側の行動による要因が大きい**と言えます。その中で投稿者側ができることの1つとして、**リール動画のキャプション内に内容に関連するハッシュタグを設置する**ことで、Instagramに「このリールはこのジャンルのコンテンツだ」というメッセージを伝えることがあげられます。そうすれば、Instagramはリールの内容を投稿者側が想定するジャンルとして認識し、そのジャンルに興味関心のある閲覧者に届けてくれる可能性が高くなります。

Instagramは新機能をリリースした際、その機能を広めるために優先的に表示することがあります。その影響か、本書執筆時現在、リールタブに遷移するボタンはアプリ下部の右から2つ目に配置され、右手でスマホを持つユーザーがタップしやすい位置にあると言えます。また、発見タブの中でも専有面積が大きく、リール自体が優遇されている印象があります。これから先、これまで以上に動画の時代になることは明らかです。これからの時代に対応できるコンテンツ制作のスキルを身につけるためにも、リールに取り組んでおきましょう。

▶発見タブにおけるリールの表示

発見タブでは、リールの専有面積が大きく表示される。

05

「発見タブ」のアルゴリズム

▼発見タブの4つのシグナル

次に、「発見タブ」のアルゴリズムについて解説します。**発見タブは、自分がフォローしていないアカウントの投稿が表示される場所**です。ここに投稿が表示されると投稿のリーチが大きく伸び、フォロワーの獲得にもつながります。Instagramで新規ユーザーを獲得するには、この発見タブにいかに表示されるかを考える必要があります。

なお、Instagram公式ブログでは、発見タブ（おすすめ）に表示されるための条件として公式のガイドラインに従っていること、アカウントが公開されていること、などが紹介されています。次ページのリンク先を参照して、これらのガイドラインにも目を通しておくようにしてください。

Instagram 公式ブログ

https://creators.instagram.com/blog

おすすめに関するガイドライン

https://help.instagram.com/313829416281232

コミュニティガイドライン

https://help.instagram.com/477434105621119

発見タブの4つのシグナル

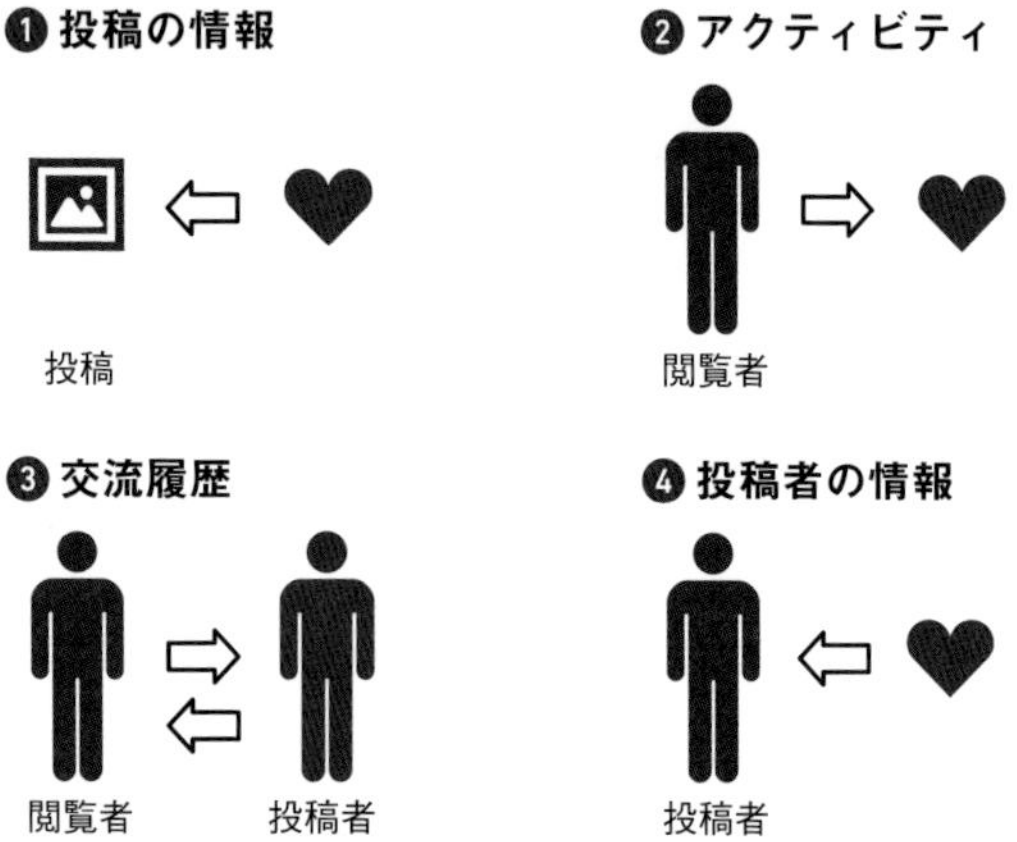

発見タブで重視されるシグナルは、重要度順に以下の4つです。

❶投稿の情報

発見タブでは、前述のフィード以上に「投稿の情報」が重視されます。いいね・コメント・保存の数に加え、それらのリアクションがついた速度も強く考慮されます。数が多い方がよいのは当然として、投稿後どれだけ速くエンゲージメントを集められるかが重要ということです。フォロワーとフォロワーでないユーザー、どちらが速く自分の投稿に反応してくれるかと言えば、もちろんフォロワーです。そのため、インサイトなどでフォロワーを分析し、フォロワーから反応を得やすいコンテンツを投稿できれば、発見タブに掲載される可能性も高くなります。

❷アクティビティ

過去に、閲覧者自身が発見タブの中でどのような投稿に反応をしたのかが重視されます。特定のタイプの投稿に対して反応している場合、その投稿に似たコンテンツを多く表示します。例えば、画像の投稿に多く反応している場合は画像の投稿を優先的に表示し、動画をよく見ている場合は動画の投稿を優先的に表示します。

❸投稿者との交流履歴

リールタブと同様、「過去にリアクションをしたことはあるが、フォローはしていないアカウント」の投稿がある場合、興味・関心が高い投稿として優先的に表示されます。

❹投稿者の情報

直近数週間で、閲覧者以外のユーザーがその投稿者のアカウントに対して、どれくらいの反応をしているのかが考慮されます。リールタブと同様、重要度4位の基準のため、フォロワー数などを含めた投稿者の情報の重要度は、フィードに比べると低くなっています。そのため、投稿者自身のフォロワー数は多くなくても、多くのユーザーからすばやく反応を集められる投稿を作ることができれば、発見タブに表示され、フォロワー以外に拡散する可能性があります。

発見タブでは、「投稿の情報」がもっとも重要とされています。そのため、本書でご紹介していく方法を参考に、エンゲージメントをすばやく、かつ、たくさん集められる投稿をしていくべきと言えます。

ここまで解説してきたアルゴリズムをまとめると、次の表のようになります。重視されるシグナルを理解した上で、Instagram の運用を行うようにしましょう。

Instagramにおける配信面別アルゴリズム一覧

配信面	重視されるシグナル
フィード	アクティビティ＞投稿の情報＞投稿者の情報＞交流履歴
ストーリーズ	・閲覧履歴 ・エンゲージメント履歴 ・関係の近さ
リール	アクティビティ＞交流履歴＞投稿の情報＞投稿者の情報
発見タブ	投稿の情報＞アクティビティ＞交流履歴＞投稿者の情報

06

その他のアルゴリズム

ここまでに解説してきた以外に、Instagramから公式に発表されているその他のアルゴリズムについてまとめておきます。

●同じユーザーの投稿を連続して表示させない

同じユーザーの投稿は、連続して表示されません。このしくみがあるため、短時間で投稿を連投すると、いくつかの投稿の表示順位は下がることになります。それぞれの投稿をしっかりユーザーに届けたい場合は、**前回の投稿から24時間は空けて投稿することをおすすめします**。ストーリーズはこれに該当しません。

●投稿の種類はアルゴリズムに影響しない

投稿の種類は、アルゴリズムに影響しません。例えば、動画よりも画像の優先度が高いということはありません。前述の通り、**動画をよく見るユーザーには動画が優先的に表示され、画像を好むユーザーには画像投稿が表示されやすい**、というしくみになっています。

●他のソーシャルメディアで作成したロゴや透かしのある「リサイクルコンテンツ」は表示順位が下がる

他のソーシャルメディアからの再投稿コンテンツよりも、オリジナルコンテンツの方が評価されます。例えば TikTok 内で作成し、TikTok からダウンロードしたようなリサイクルコンテンツは、リールタブや発見タブでレコメンドされる可能性が下がります。ただし、各プラットフォーム外の動画編集ソフトなどを使って作成した動画を投稿することは、同じ内容の動画であっても透かしロゴはなく、リサイクルコンテンツとは言えないため、問題ないと言えます。動画に関しては、その他にもミュートになっている動画、枠線を含む動画、文字がメインの動画などは、露出を抑える可能性があるとされています。

●同じ内容のコンテンツは表示順位が下がる

同じ内容のコンテンツを投稿すると、表示の優先順位が下がります。例えば、メインアカウントで投稿する前に非公開のテストアカウントに一度テスト投稿をする、といった手法を取っている方がいるかもしれませんが、この手法を取ってしまうと、**最初に投稿したテストアカウントの方がオリジナルコンテンツ、メインアカウントの方が2回目の再投稿コンテンツと認識され、数値が伸びづらくなる可能性がある**ので注意が必要です。

その他、次のような内容が公表されています。

・投稿後にキャプションを編集してもアルゴリズムには影響しない
・プロフィールに他ソーシャルメディアのリンクを入れてもアルゴリズムには影響しない
・政治問題を中心に扱っている投稿は表示順位が下がる
・解像度の低い画像や動画は表示順位が下がる

・暴力を描写しているコンテンツ、規制対象商品（タバコや医薬品など）の使用を描写しているコンテンツ、成人向けサービスに関するコンテンツなど、不快と感じるユーザーがいると推測されるコンテンツはおすすめ表示されない

なお、ここでご紹介しているアルゴリズムは、一般ユーザーのアカウントでもプロアカウント（ビジネスアカウント）でも同様に適用されます。アカウントの種類やカテゴリーは、アルゴリズムに影響しません。前節でもお伝えしているように、ガイドラインの遵守は必須です。当然、ガイドラインに違反している投稿は表示順位が下がったり、おすすめ表示されなかったり、内容によっては投稿自体を削除されてしまう可能性もあります。必ず一読しておきましょう。ここまでにご紹介してきたアルゴリズムについては、Instagram の公式サイトでも紹介されています。ぜひご覧になってみてください。

Instagram のランキングを解説

https://about.instagram.com/ja-jp/blog/announcements/instagram-ranking-explained

07

アルゴリズムを意識した Instagramの運用方法

Instagramのアルゴリズムを理解することで、どのような投稿やアカウントが評価されるのか、概ね理解していただけたかと思います。それでは、ここまでのアルゴリズムの理解を踏まえて、具体的にどのように運用を行えばよいのでしょうか？

▼投稿の情報

まず、フィードや発見タブでは、「投稿の情報」が重要です。そのため、いいね、コメント、保存、プロフィールアクセスなどのエンゲージメントを集められる工夫は必須と言えるでしょう。例えばカルーセル投稿の最後の画像で保存やプロフィールアクセスを促したり、ユーザーに起こしてほしいアクションをキャプションで明示したりするなど、**CTAを強化する**ことが効果的です。CTAについて、詳しくは第4章で後述します。

また、「投稿の情報」の評価を高めるためには、**閲覧者の滞在時間が伸びる設計を意識**してください。例えばフィード投稿の場合、画像に文字を入れ、1投稿に添付できる上限である10枚すべてを使ってカルーセル投稿を作ったり、リール投稿の場合、あえて1回では読みきれない少しだけ早いと感じるスピードで動画内に文字入れをし、それを読むために指で止めるよう促す設計をしたりなど、繰り返し見たくなる工夫をすることが考えられます。

▼交流履歴・投稿者の情報・アクティビティ

「交流履歴」や「投稿者の情報」の評価を高めるためには、例えばストーリーズでアンケートや質問などのスタンプを活用してユーザーと積極的にコミュニケーションを図るなど、交流を増やし、関係を深めるコンテンツが必要になります。閲覧者側の「アクティビティ」については、投稿者側からコントロールできるものではないため、できることが限られています。それでも前述した通り、**投稿内容に関連するハッシュタグをキャプションに記載することで、Instagram側がその投稿の内容を理解しやすくなる**ので、興味関心を持ってくれそうな閲覧者に届きやすくなると言えます。

▼エンゲージメントの初速

また、発見タブに掲載されるためには、エンゲージメントの初速が大切ということをお伝えしました。そこから考えられる1つの方法として、**フォロワーがInstagramにアクセスしている時間帯をインサイトから確認し、その時間帯に投稿する**、ということが挙げられます。一般的には、「19時（山のふもと）〜21時（頂上）」という認識で概ねまちがいないので、その間に投稿できるとベストです。

ただし、業種やペルソナによっては、必ずしもこの時間帯が適切とは限りません。例えば飲食店の場合、19時〜21時というと一般的に1日の食事を終えている時間帯です。その時間帯に美味しそうな料理の写真や動画を見ても、あまりインパクトを感じない（=記憶に残らない）でしょう。どうせなら、お腹が空いていそうな12時前後や17時〜19時頃までの時間に投稿するのがベストと言えます。

次のような公式ツールで予約投稿も可能ですので、必要に応じて活用してください。

Meta Business Suite

https://business.facebook.com/latest/home

▼フィードとストーリーズの使い分け

最後に、フィードとストーリーズの使い分けも重要です。飲食店で言うと、フィード投稿で「今日はまだ席が空いていますので、ご予約お待ちしています！」といった投稿をしているお店をよく見かけますが、フィードの場合、アルゴリズム上それが翌日以降に表示される可能性があります。大切なお客様を混乱させてしまうことにもつながるので、**このようなタイムリーな情報はフィード投稿ではなく、翌日には消えるストーリーズで行うようにしましょう**。ストーリーズでお店の空き状況を伝えることは集客に直接的に影響するため、とても重要です。

ここでご紹介した以外にも、アルゴリズムの理解を踏まえてできることはいろいろあります。具体的な施策については以降でもお伝えしていきますが、本書でご紹介しきれない方法も多くあります。また、本書で解説したアルゴリズムも、当然いつかは変更されます。その時にはあらためて公式情報をチェックし、「公式でこう言われているということは、こうすれば伸びていくのではないか?」というように、**自分の頭で考え、仮説を立てて動いてみる姿勢・思考法が大切になります**。アルゴリズムのしくみを理解した上で、自分なりに対策を検討し、実践していってください。

第4章

投稿の思考法

01

キャプション欄には積極的に文章を入れる

ここからは、Instagramにおける投稿の思考法について解説していきます。ここまで解説してきた、Instagramの「ファンを作る」という役割。そして、Instagramのアルゴリズムについての理解を前提に、投稿クリエイティブの制作を行いましょう。

最初に解説するのは、投稿の際の文章術についてです。ここでの「文章」とは、フィード投稿時にキャプション欄に入れる文章のことを指します。以降「文章」と言った場合、特に言及がなければ「キャプション欄に入れる文章」を想定しているものとして、読み進めてください。

Instagramは、画像や動画ベースのプラットフォームです。しかしユーザー視点で考える

と、画像や動画についての説明が文章としてある方が、投稿に対する理解が深まります。また
アルゴリズム視点で考えると、**キャプション欄に文章やハッシュタグがある方が、Instagram側が投稿の内容を理解しやすくなるため、適切なユーザーに投稿を届けることができます**。

そのため本書では、投稿に対して積極的に文章を付けることを推奨します。その際、下記のポイントに注意して文章を考えてみましょう。

❶ 短くまとめる

文章は、なるべく短くまとめるようにしましょう。アカウントのターゲットやコンセプトにもよりますが、Instagramでは原則として長文は避けた方がよいと言えます。Instagramにおいて、キャプション欄の文章部分は写真もしくは動画の下につく構成になっています。一方、FacebookやX（旧Twitter）では、文章の下に写真がつく構成になっています。このことからも、Instagramの世界観として「文章はあくまで写真を際立たせるための補足的な

立ち位置」と捉えていることが見て取れます。そのため、文章はなるべく短くまとめるのがよいと考えられます。

Instagram

文章(画像の下)

X（旧Twitter）

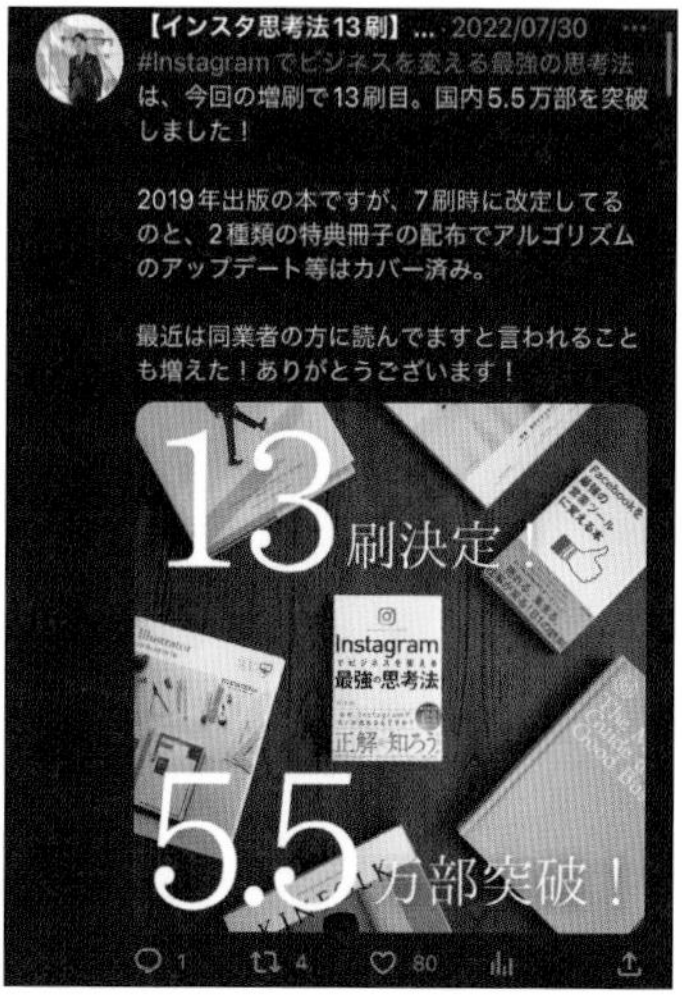
【インスタ思考法13刷】… 2022/07/30
#Instagramでビジネスを変える最強の思考法は、今回の増刷で13刷目。国内5.5万部を突破しました！
2019年出版の本ですが、7刷時に改定してるのと、2種類の特典冊子の配布でアルゴリズムのアップデート等はカバー済み。

最近は同業者の方に読んでますと言われることも増えた！ありがとうございます！

13刷決定！

Instagram
最強の思考法
5.5万部突破！
1
4
80

文章（画像の上）

Facebook

坂本 翔
2022年12月4日
2022年11月30日付けで、正式に行政書士ではなくなりました。
自分の人生の中では小さくない決断なので、言語化しつつ気持ちを整理するための自己満ブログをnoteで書きました。笑
… もっと見る
215
コメント5件 シェア3件

文章（画像の上）

❷ひらがなを使う

漢字を多用せず、あえてひらがなを使うことで読みやすくする工夫をしましょう。例えば次のような漢字は、ひらがなの方が堅苦しくならず、多くのユーザーに読みやすく感じてもらえます。このあたりは「中の人」の設定にもよりますので、自社のブランディングの方向性と照らし合わせながら決めるようにしてください。

漢字ではなくひらがなを使用する例

- 為　→ため
- 程　→ほど
- 是非→ぜひ
- 色々→いろいろ
- 何故→なぜ
- 頂く→いただく
- 致します→いたします
- 下さい→ください
- 出来る→できる
- 所→ところ
- 予め→あらかじめ
- 至って→いたって
- 更に→さらに
- 殆ど→ほとんど
- 尚→なお
- 何処→どこ
- 但し→ただし
- 中々→なかなか
- 暫く→しばらく
- 及び→および
- 有る／在る→ある
- 宜しく→よろしく
- 何時→いつ
- 事→こと
- 沢山→たくさん
- 等→など
- 宜しく→よろしく
- 様な→ような
- 良く→よく
- 済む→すむ
- 様々→さまざま
- 他→ほか
- 改めて→あらためて
- 時→とき
- 素晴らしい→すばらしい
- 例えば→たとえば
- 既に→すでに
- 欲しい→ほしい

など

❸冒頭の文章を重視する

冒頭、1行目の文章を重視してください。Instagramでユーザーがフィードをスクロールするスピードは早いので、冒頭の一文で「読もう」と思ってもらう必要があります。例えば「皆さん、こんにちは！今日も暑いですね。こんな日は〜」といった、本題とは関係のない挨拶文を入れてはいけません。ソーシャルメディアの中でも、冒頭の数十文字でキャプション欄が折りたたまれてしまうInstagramでは、特にそのような文章は不要です。

❹出し惜しみしない

情報を出し惜しみせず、ユーザーが知りたい情報はなるべく具体的に伝えるようにします。多くの人は「勉強になる」「面白い」など、あらかじめ評価がわかっているものにしか手を出しません。そのため、「セミナーが売り物の方でも、投稿するならすべてノウハウは出す」「料理本を出していても、投稿するならレシピは細かく詳細に出す」など、「自分の役に立つ」とユーザーに思ってもらえるくらいにまでギブすることで、そのアカウントのファンになり、本来売りたい商品にも興味を持ってもらうことができます。

▼キャプション欄の小技

Instagramで文章を書くときのコツを学んでいただいたところで、キャプション欄の小技を事例とともにご紹介します。なお、Instagramは、あくまでも画像・動画が中心のプラットフォームです。文章については、できるだけシンプルにまとめるようにしてください。伝えたいことが多くあって**どうしても長文になってしまうような場合は、「投稿自体を分ける」ことを考えてみましょう**。

❶自分をメンションしてプロフィールへ誘導する

キャプション内で、**自分のアカウントをメンションする**手法です。そこから、プロフィールにアクセスしてもらうことで「プロフィールへのアクセス数」が伸びること、またプロフィールを回遊してもらうことで自分のアカウントに対する滞在時間が増えることから、アルゴリズム面でのよい影響を期待できます。キャプションだけでなく、投稿画像の中に自分をタグ付けして、そこからタップしてもらう方法もあります。

❷投稿に対するリアクションを促す

キャプション内で、コメントや保存といった投稿に対するリアクションを促す手法です。エンゲージメントが増えると「投稿の情報」の評価が上昇するため、アルゴリズム面でよい影響があります。次の例では、**絵文字を指定してコメントを促しています。これによりユーザーはコメント内容を考えなくてすむため、気軽にコメントができ、コメント数が増えやす**

s_home_steelo
s_home_steelo
1/10
Newリビング
s_home_steelo 他も見てみる → @s_home_steelo
新しいソファが届いてリビングの雰囲気が変わりました〜！

くなります。「ぜひコメントしてください」と漠然とお願いするのではなく、ユーザーの立場に立った方法を考えましょう。

kirin_beverage

02

ハッシュタグで「投稿の属性」を知らせる

Instagramにおけるハッシュタグの考え方は、この数年で大きく変化しました。従来、ハッシュタグが付いていない投稿はInstagram内の検索に引っかからず、発見タブ以外の方法でフォロワーではない人にリーチすることはできませんでした。しかし「キーワード検索」ができるようになったことで、**現在ではハッシュタグが付いていなくても検索の対象になります**。例えば東京のカフェを調べる際、従来であれば「#東京カフェ」と1つのハッシュタグで検索する必要がありましたが、現在は「東京　カフェ」のようにAND検索ができるようになっています。

その結果、従来のように拡散を目的としたハッシュタグの利用は、その重要性が低くなっています。本来、ハッシュタグは投稿をカテゴライズすることが目的です。**同じタグを付け**

ている人どうしでコミュニケーションを図るきっかけとして利用したり、Instagram側に「この投稿はこのジャンル・カテゴリだよ」と投稿の属性を知らせたりするなど、本来の役割が重要視されるようになっています。

このような変化を象徴する内容として、Instagramの公式アカウント「Creators」では、2021年にハッシュタグに関する以下の5つのヒントを投稿しています。

❶投稿するコンテンツのテーマに関連するハッシュタグを付ける
❷自分のファンがどんなハッシュタグを使ったり、フォローしたりしているかをチェックする
❸幅広い層の人たちに見つけてもらえるように、ハッシュタグはよく知られているものとニッチなもの、両方を使用する
❹ファンが自分のコンテンツを検索しやすいように特徴的なハッシュタグを使用する
❺ハッシュタグの数は3~5つにする

Instagram 公式アカウント「Creators」

https://www.instagram.com/creators/

ハッシュタグに関する5つのヒントの投稿

https://www.instagram.com/p/CUV20kxvLgS/

ハッシュタグに関する5つのヒントの投稿

creators
2/4
Hashtag Dos
Do use hashtags that are relevant to the theme of your content.
Do check which hashtags your fans already use and follow.
Do mix well-known and niche hashtags to broaden your discoverability.
Do use specific hashtags so your fans can easily search for your content. You can even create your own!
Do keep the number of hashtags between 3-5.
、他61,203人
creators To use or not to use hashtags? Here's what you need to know + what you should avoid to get the most out of adding hashtags to your content

この中で特に重要なヒントは、❹でしょう。特にファンマーケティングの観点からは、商品名やキャンペーン名などオリジナルのハッシュタグのついた投稿（UGC）を企業アカウント側が取り上げることで交流を図り、ユーザーをファン化させていったり、口コミ的にファンがファンを生み出すような状態になり、ハッシュタグ経由でファンどうしがつながっていく効果があります。

またこれらのヒントからは、**ハッシュタグは投稿内容に関連するもので、投稿数が多い大規模なものから小規模なものまで、まんべんなく3〜5つ付けるとよい**、ということがわかります。ただし、6個以上になるとペナルティがあるかというと、そんなことはありません。Instagram側はプラットフォーム内を健全に保とうとしているだけなので、投稿内容に関係のないハッシュタグを乱用するなど、プラットフォーム内を乱すようなことをしなければ問題はありません。なお、Instagram側からの公式アナウンスにより、「同じハッシュタグを繰り返し使ってもアルゴリズムには影響しない」と言われています。そのため、**投稿に毎回同じハッシュタグを付けても、それが表示順位に影響することはありません**。

その他、従来はコメント欄にハッシュタグを入れることもありましたが、最近Instagramの公式ブログには「キャプションに関連キーワードとハッシュタグを含めるようにしましょう。検索で投稿を見つけてもらうには、これらのキーワードとハッシュタグをコメントではなくキャプションに追加します。」と記載されました。**ハッシュタグはコメント欄ではなく、キャプション欄に入れる**ようにしましょう。

キーワード検索が始まった結果、「タグる（ハッシュタグで検索する）」時代から「**タブる（発見タブで見つける）**」時代になりました。筆者が支援しているアカウントの中でも、バズった投稿は、ハッシュタグからの流入によるものは少なく、発見タブからの流入によるものがほとんどです。このような状況を考えると、ハッシュタグの重要性は下がっていると言えるかもしれません。毎回の投稿に付けるハッシュタグには過度に悩まず、オリジナルのハッシュタグや投稿内容に合ったハッシュタグを付けて発信していけばよいでしょう。

この節の最後に、Instagram公式で発表されているハッシュタグに対する考え方を掲載しておきます。

ハッシュタグの正しい考え方

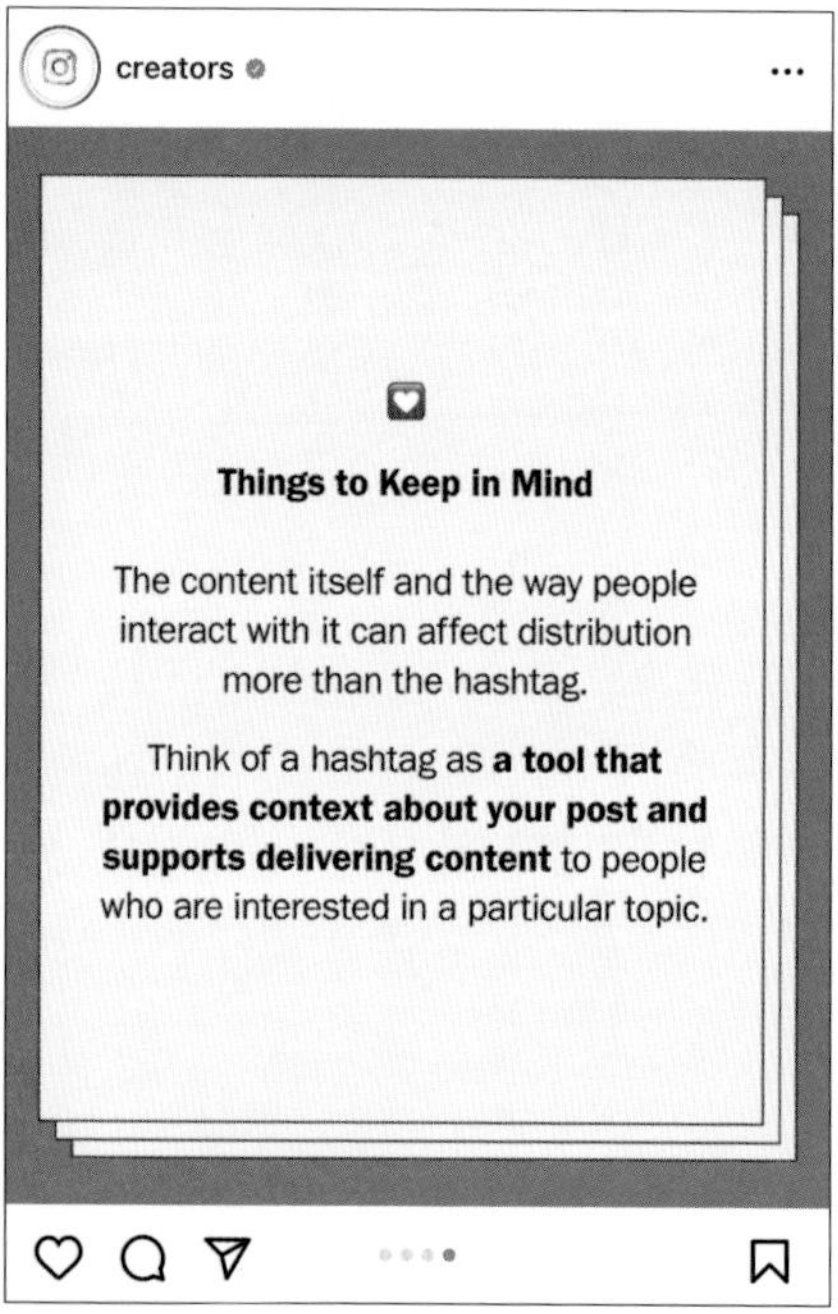
creators
Things to Keep in Mind
The content itself and the way people interact with it can affect distribution more than the hashtag.
Think of a hashtag as a tool that provides context about your post and supports delivering content to people who are interested in a particular topic.

日本語訳

留意点
ハッシュタグよりも、コンテンツそのものや人々の接し方の方がハッシュタグ以上に影響します。

ハッシュタグは、あなたの投稿に関する文脈を提供し、特定のトピックに興味を持っている人々にコンテンツを届けることをサポートするツールだと考えてください。

03

「タイトルの魅力」で投稿を読んでもらう

続いて、投稿のタイトルをテーマにお伝えしていきます。投稿のタイトルは、カルーセル投稿の表紙（1枚目の画像）に記載したり、キャプション欄の冒頭に付けたりします。カルーセル投稿の場合は、スワイプして読み進めるかどうか、キャプション欄の場合は「続きを読む」をタップするかどうかを決定づける、重要な要素になります。

基本的にInstagramの投稿は、伝えたいことがしっかり伝わるように、「**1投稿・1メッセージ**」という原則を前提とします。1つの投稿に複数のメッセージが込められてしまうと、言いたいことが分散し、本当に伝えたいことが伝わらなくなるからです。その上で、次の5つのポイントを意識して作成してください。

なお、このような心理学を活用したライティング手法は他にもあると思います。意識的に取り入れられると反応率が上がるので、ぜひ試してみてください。

❶ネガティブな言葉で構成する

例えば、「絶対にやってはいけない」「本当は教えたくない」「使わないと損」など、ネガティブなことは気になってしまうのが人の心理です。これを「損失回避の法則」と言います。タイトルにあえてネガティブなワードを入れるのは効果的と言えます。

otokomae_recruit

営業なら
男前転職
それアウト！
注ぐ順番
間違えてない？
5.7万

❷ 数字を使う

数字を使うと印象に残りやすいので、タイトルにはできる限り数字を入れましょう。特に奇数がおすすめです。例えば「1分でわかる」「○○のコツ5選」「たった5日続けるだけで」のような形です。「9割の人がまちがっている」など、❶と組み合わせられるとより効果的と言えます。

❸ **すでに人気があることを伝える**

タイトルで「他の人が支持している」ことを知ると、人は不安になって興味を持ち、さらに人が集まったり、人気や支持が加速したりする状況が作り出されます。これを「バンドワゴン効果」と言います。例えば、「3万人が選んだ」「○○（有名人）も愛用」「Instagramでバズったあの○○」のような形です。

nanae_monchan

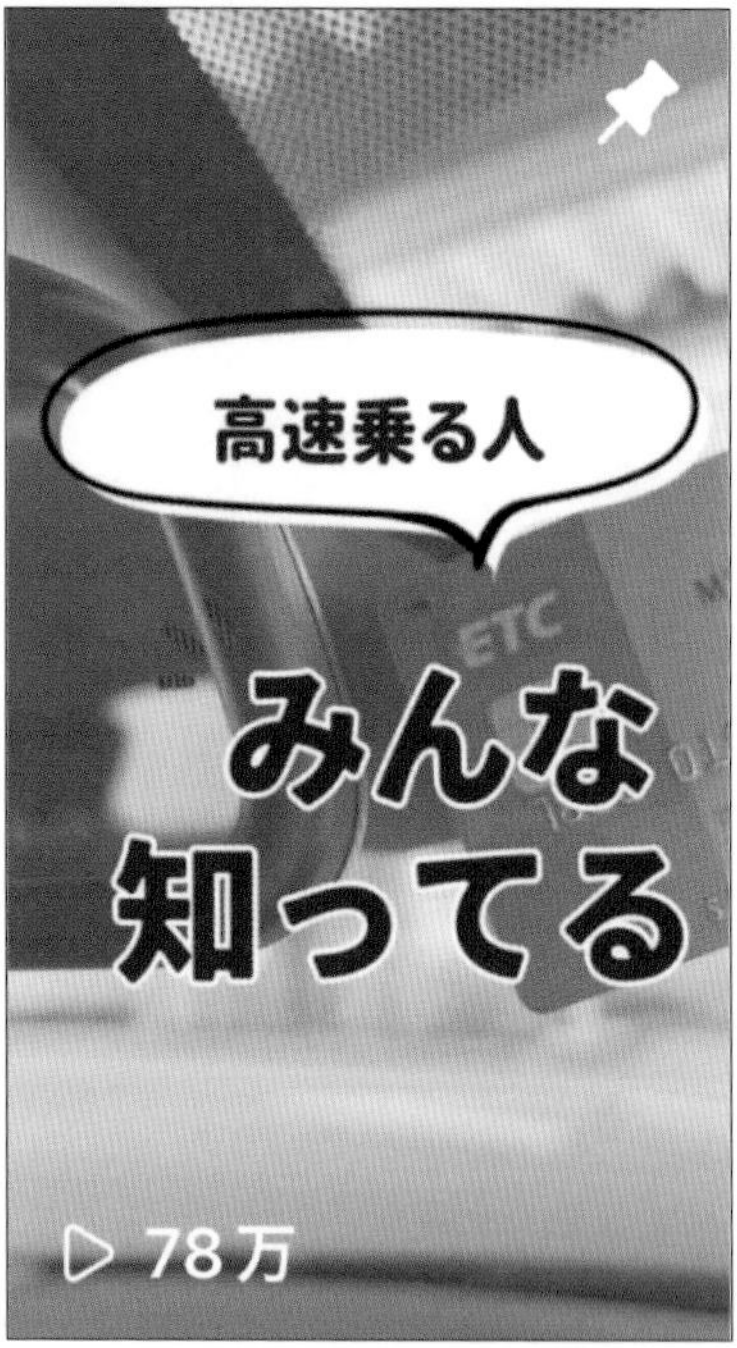
高速乗る人
みんな知ってる
▷ 78万

❹言い切る

タイトルでは、可能な範囲で言い切りましょう。人は強い方に同調する習性があるからです。例えば、「～すべき」「～しないと損」「～はまちがっている」「結局これしかない」のような形です。

❺自分のことだと思わせる

タイトルで「自分について言われている」と思わせられると、興味を引くことができます。多くの人に当てはまることを言われているにも関わらず、「これは自分のことだ」と感じてしまう心理的効果のことを「バーナム効果」と言います。例えば、「○○なあなたへ」「○○な人は試してほしい」「○○な人以外見ないで」「当てはまったら注意」のような形です。

04

「CTA画像」でエンゲージメント率をアップする

Instagramのアルゴリズムにおいて、フィードや発見タブで特に重要なのが「投稿の情報」でした（140ページ）。そして、投稿のエンゲージメントの中でも「保存」の数が多い投稿は、発見タブでレコメンドされやすく、フィードにも優先表示されやすいと言われています。そのため、保存されるような魅力的な投稿を行うことは前提として、投稿の中で保存を促すことも重要な施策であると言えます。

このように、**投稿を閲覧したユーザーを具体的な行動に誘導することを「CTA＝Call To Action（コール トゥ アクション）」と言います**。例えば152ページで、プロフィールへ遷移させるために自分のアカウントをメンションする手法をご紹介しましたが、これもCTAの1つです。

また、カルーセル投稿の最後の画像やキャプションの中で保存やプロフィールへの遷移を促したりする方法も、よく見るCTAの例です。例えば次のような画像を投稿の最後の画像として設置し、投稿を閲覧したユーザーを特定のアクションに誘導する方法です。

tantakatan_godo

ethikura

ＣＴＡ画像では、保存ボタンへの誘導は必須として、「ダブルタップでいいね」「〇〇とコメントをくれた方に資料をプレゼント」など、他のエンゲージメントへの誘導、ＬＩＮＥや公式アプリなどマーケティング上の次のステップになるツールへの誘導などを、１枚の画像にまとめられるとよいでしょう。

ＣＴＡ画像は、あらかじめ数パターン作っておくか、テンプレートを作っておいて、投稿の内容や目的によって変えていくと運用が楽になります。

▼すべての投稿は縦型で作成する

ＣＴＡ画像の流れで、画像について留意しておいてほしいことをお伝えします。

Instagramのプロフィールページや発見タブでは、画像はスクエア（正方形）で表示されます。一方、**フィードの表示では縦型画像の方が画面占有率が高くなります**。フィードでの反応率（フォロワーからの初速でのエンゲージメント）が上がると、発見タブで掲載されやすくなるなどの効果も期待できます。フィードでの表示を意識するという意味でも、**フィードへの画像投稿は４：５の縦型で作成**するようにしてください。

スクエア（1:1）
genxsho
兵庫県 三田市
takeru201008が「いいね！」しました
genxsho .
今日は、母校の中学の40周年記念式典。
その記念講演として、
自分の講演会を開催していただいた。
約400人の生徒さんや先生方の前で、
拙著「独学脳」の内容をベースに講演。
プロフィールページ
shome2210
スクエアで表示される
縦型（4:5）
shome2210
1/5
リノベ後の
書斎全見せ
genxshoが「いいね！」しました
shome2210 リノベ完了！少しずつ紹介してます
@shome2210... 続きを読む
2022年11月14日
発見タブ
検索
4:5の方がフィードでの占有率が高い

また、ストーリーズやリールも縦型のクリエイティブになります。フィードも縦型で作成するとなると、Instagramではすべて縦型のクリエイティブで作成した方がよいということになります。

なお、縦型の画像にすると言っても、縦いっぱいに使って表現しないことがポイントです。重要な被写体や伝えたいテキスト部分を中央寄りに配置することで、**プロフィールページや発見タブでの表示時に上下がカットされてスクエアになったりしても、意図していることがきちんと伝わるクリエイティブにすることが正解**と言えます。

縦いっぱいに使って表現しない

スクエアにカットされても意図していることが伝わるようにする。

05
「ストーリーズ」で双方向のコミュニケーションを取る

前節まではフィード投稿を中心にお伝えしてきましたが、ここからはストーリーズについてお伝えします。ストーリーズの投稿は、ハイライトに残さない限り24時間で消えてしまいます。そのため、基本的にはタイムリーな内容を発信する場所です。また全画面で表示されるため、臨場感や没入感を演出することができます。

ソーシャルメディアでは、一方的に投稿や広告を押し付けるのではなく、フォロワー・ユーザーとの間で**双方向にコミュニケーションを取ることのできるコンテンツ作りが必須**になります。Instagramには、ライトに閲覧者側のユーザーとコミュニケーションを取ることができる重要な機能があります。それが、ストーリーズのインタラクティブ機能です。

ストーリーズのインタラクティブ機能とは、ストーリーズ内で利用できるスタンプのことを指します。例えば、質問、クイズ、アンケートなどのような、閲覧者側から反応をもらうことを前提とした双方向のスタンプのことです。

フィード投稿やリール投稿へのコメントは「知らない人に見られるのでやりづらい」と感じる方も多いのですが、**ストーリーズへの反応やスタンプの回答は投稿者しか閲覧できない**ため、不特定多数の他人に見られることがなく、閲覧者側は反応をしやすいと言えます。また、クローズドな空間でやり取りすることによって、ユーザーとの心理的な距離感も近くなり、そのアカウント、さらにはブランドへの愛着にもつながっていきます。

アルゴリズム面でも、ストーリーズ経由での交流が増えることで、フォロワーのフィードでの表示順位が上がります。また、フィードでの表示順位が上がることで初速のエンゲージメントが増え、発見タブへの掲載にもつながります。

▼ストーリーズで活用するべき5つのスタンプ

ストーリーズでユーザーとコミュニケーションを取る上で、ぜひ活用してほしいスタンプを5つご紹介します。

❶リアクションスタンプ

投稿内容に合った絵文字を設置し、閲覧者側からの反応を促すスタンプです。もっともライトに反応を集められるので、積極的に使用しましょう。

❷アンケートスタンプ

フォロワーの意見を直接聞くことができるスタンプです。マーケティングにも活用できます。「あなたの意見が商品に反映される」や「押すと結果がわかる」などと記載して、タップを促します。また、アンケート結果は必ずストーリーズでシェアし、お礼を言いましょう。「答えた甲斐があった」と思ってもらうことが大切です。Instagram上であっても、1人の人として当たり前の対応を行いましょう。

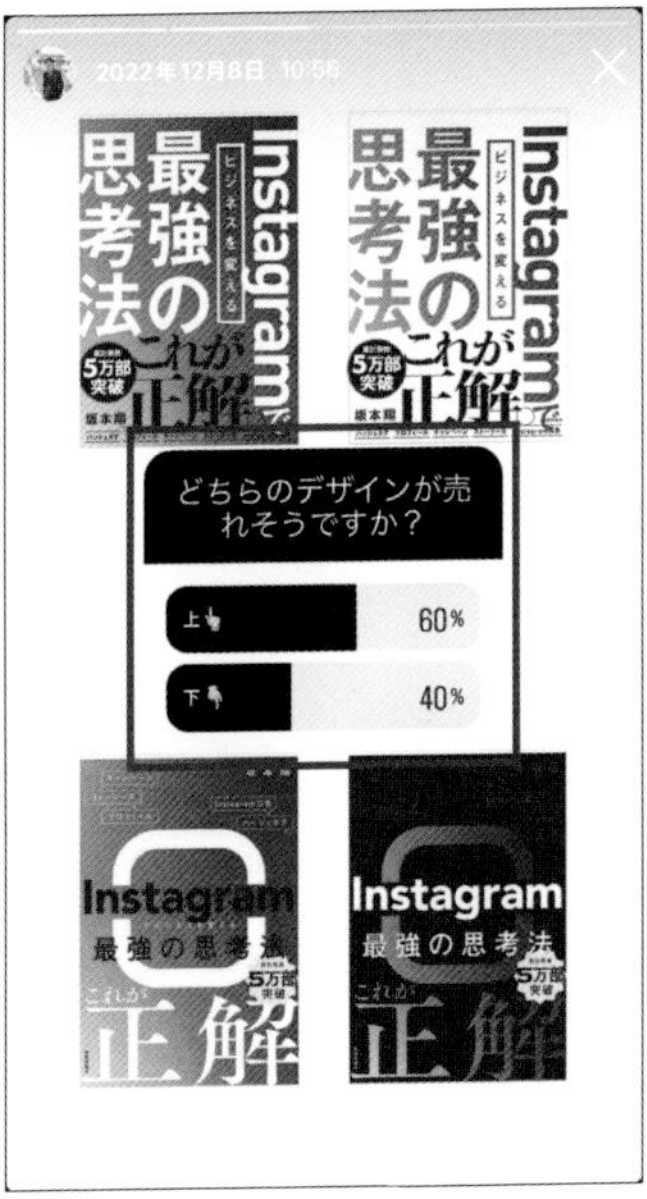

❸クイズスタンプ

クイズ形式で閲覧者側に答えを回答してもらうスタンプです。選択肢を押した瞬間に正解・不正解がわかるので、楽しみながら学べる、エンターテイメント性のあるコンテンツ作りに有効です。アンケートスタンプと同様、クイズスタンプも結果をシェアすることで、コンテンツの1つになりますし、ユーザーには親切に感じてもらえるはずです。

紙面版 **電脳会議** DENNOUKAIGI **一切無料**

今が旬の書籍情報を満載してお送りします！

『電脳会議』は、年6回刊行の無料情報誌です。2023年10月発行のVol.221より**リニューアル**し、**A4判・32頁カラー**と**ボリュームアップ**。弊社発行の新刊・近刊書籍や、注目の書籍を担当編集者自らが紹介しています。今後は図書目録はなくなり、『電脳会議』上で弊社書籍ラインナップや最新情報などをご紹介していきます。新しくなった『電脳会議』にご期待下さい。

❹ 質問スタンプ

質問に対する閲覧者からの回答を記述式で集められるスタンプです。得られた回答は、回答者の名前を伏せながらフォロワーにシェアすることができます。例えば、商品やサービスに関する疑問を回答として集められた場合、それらを取り上げたストーリーズを投稿するなど、質問スタンプで集められた声を素材としてコンテンツを作る手法は効果的と言えます。

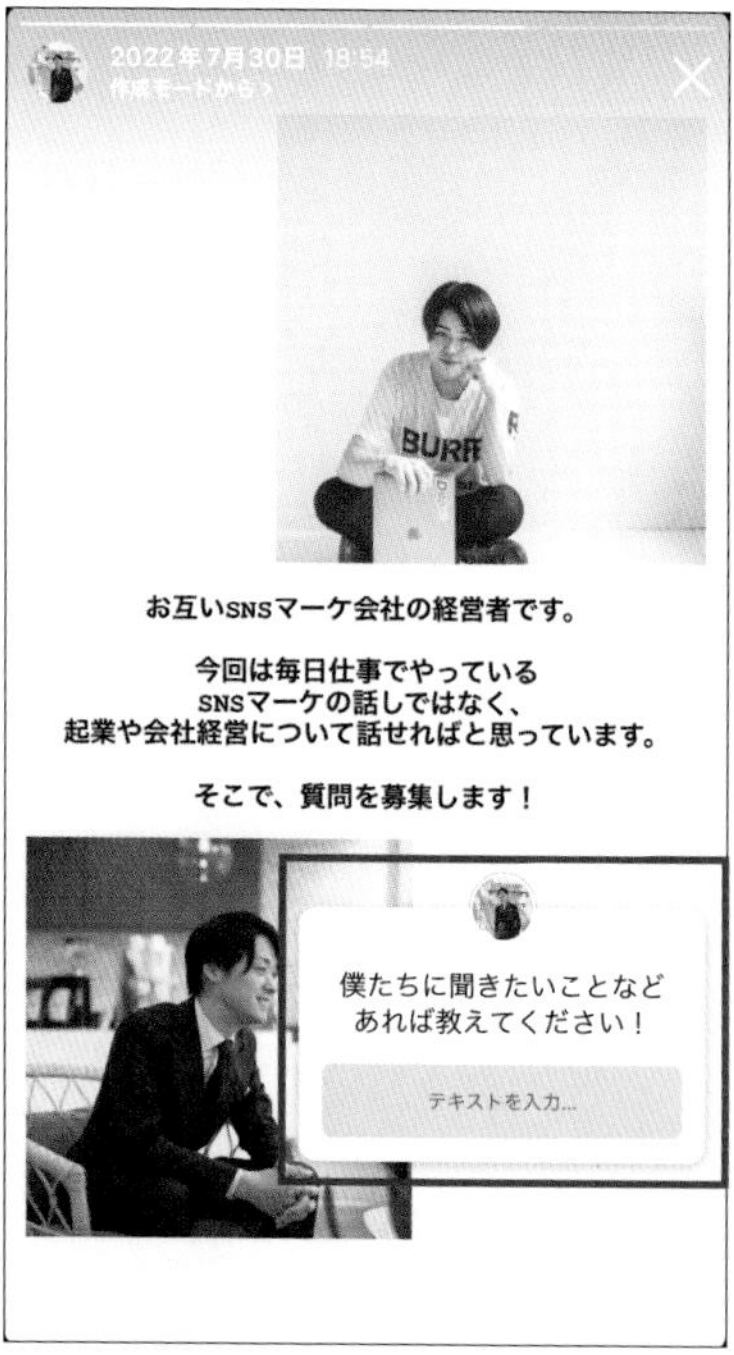
2022年7月30日 18:54
お互いSNSマーケ会社の経営者です。
今回は毎日仕事でやっている
SNSマーケの話しではなく、
起業や会社経営について話せればと思っています。
そこで、質問を募集します！
僕たちに聞きたいことなど
あれば教えてください！
テキストを入力...

❺ リンクスタンプ

プロフィールに設定できるURL以外に、広告ではない手法では唯一、Instagram外に遷移させられるスタンプです。インサイトからクリック数を確認できるので、ストーリーズがリーチしたユーザーのうち何%がクリックしてくれたかなど、ユーザーの興味関心を測ることも可能です。

ここまでに紹介した5種類のうち、質問スタンプは他のスタンプに比べて回答のハードルが高いので、場面を絞って活用してください。**まずは、ユーザーが反応しやすいリアクションスタンプやアンケートスタンプから実施して、反応数が増えてフォロワーとの関係が深まってきたら、質問スタンプを取り入れていく**流れがよいでしょう。

その他、ストーリーズにはスライダースタンプ、ミュージックスタンプ、商品スタンプ、位置情報やハッシュタグのスタンプなど、さまざまなスタンプが用意されています。日時が決まっているイベントや商品発売日などの場合は、カウントダウンスタンプも使えます。スタンプを使用できる投稿には積極的に使っていきましょう。

ストーリーズは、24時間で消えるという特性から、気軽に投稿できる場所です。基本的にはフォロワーにしか表示されないので、すでに商品やサービスの購入経験のあるユーザーや、自社のことを気になっているユーザーなど、**何らかの関心を持ってくれているユーザーに届ける用途で使いましょう**。それを念頭において、コアなファンに向けた投稿など、フィードやリールとは異なるスタンスで内容を検討していってください。

06

「リール」で新規フォロワーを獲得する

この章の最後に、リールについての考え方をご紹介します。昨今、ソーシャルメディアはショート動画戦国時代になっていると言っても過言ではありません。Instagramもまた、YouTube ShortsやTikTokに対抗するため、２０２０年に「リール（Reels）」というショート動画の配信機能が実装されました。

「ショート動画でもNo.1を取る」というInstagram側の意気込みの現れか、アルゴリズム面でもリールが優遇される傾向にあります。具体的には、発見タブの中では、正方形ではなく占有面積が大きい縦型で、かつ無音で再生された状態で表示されるのでとても目立ちますし、リール専用のフィードも設けられています（２０２３年12月現在）。

リール専用のフィードでは「フォローする」ボタンを直接タップできるので、投稿内容がユーザーの興味に合致すれば、そのままフォローされやすいと言えます。Instagramは各ユーザーに合わせておすすめの投稿を提案するレコメンド機能が優秀なので、そのユーザーが興味を持つであろう投稿が常に表示されています。さらに、リールのアルゴリズムの節で前述した通り（124ページ）、リアクションを起こしながらもまだフォローはしていない

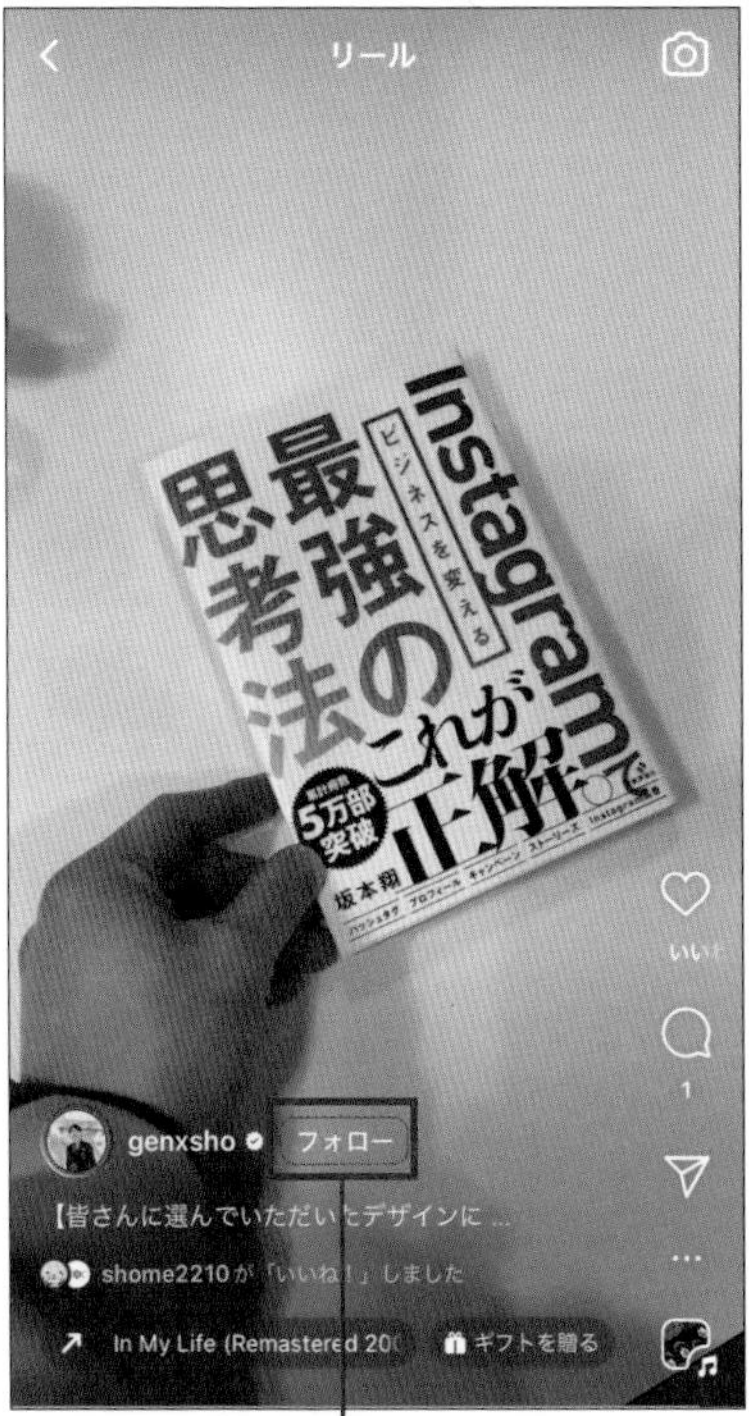

「フォロー」ボタンを直接タップできる

ユーザーを優先して表示させているので、**リールは新規フォロワー獲得につながりやすい機能**と言えます。

リールはフィードやストーリーズに比べるとまだ新しい機能のため、本書を読んでいる方の中には、挑戦したことがない方もいると思います。一般ユーザーが作ったリール動画に自分の写真や動画を当てはめてオリジナルのリール動画を作成できる「テンプレート」という機能があるので、まずはそれを使って試してみるとよいかと思います。テンプレートが使用できるリール動画には、リール動画内に「テンプレートを使用」と表示されます。

リール
テンプレートを使用
昨日発売になった新作のトートバッグは、このように作られているんです！
職人さんがひとつずつ手作りするので、丈夫で長持ちするんですよね

テンプレートを使用できるリール動画には「テンプレートを使用」と表示される

ショート動画の世界はトレンドの移り変わりも早いため、実際に自分のフィードなどに表示されるリール動画を確認し、流行っている音源を使ったり（人気の音源は音源名の前に上向きの矢印が表示されます）、流行っている構成で動画を作成してみたりするなど、本章でご紹介したリールのアルゴリズムの内容も参考に、実際に自分で試してみることが近道です。

筆者が支援したクライアントの中には、リールを始めた1ヶ月で、リールをしていなかった1ヶ月と比較してフォロワーの伸びが倍以上になったという事例もあります。ぜひ、積極的に活用してみてください。

本章では「投稿の思考法」として、アルゴリズムを考慮した投稿作成の考え方やテクニックなど、広告に頼らないオーガニック軸での運用法をお伝えしてきました。次章では、ここで築いたベースの部分をキャンペーンや広告を使ってブーストする考え方や手法についてお伝えしていきます。

第5章

キャンペーン・広告の思考法

01

キャンペーン・広告の目的は「きっかけ作り」

この章では、Instagramでのキャンペーン、広告の考え方について解説を行います。これまでにお伝えしてきているように、Instagramの運用はオーガニックでの運用が基本となります。**キャンペーンや広告は、あくまで飛び道具**として捉えてください。キャンペーンや広告を頼りにアカウントが成り立っているような状態は、非常に危険です。

なぜなら、キャンペーンや広告に頼らないとフォロワーやエンゲージメントが増やせていない状態ということは、そのアカウントのオーガニックコンテンツに課題があるということです。そして、アカウントにファンがついていない状態と捉えることもできます。オーガニックコンテンツに課題がある状態では、広告やキャンペーンは付け焼刃的な施策にとどまり、中長期での成果を期待することができません。

キャンペーン・広告の役割はアカウントを知ってもらうこと

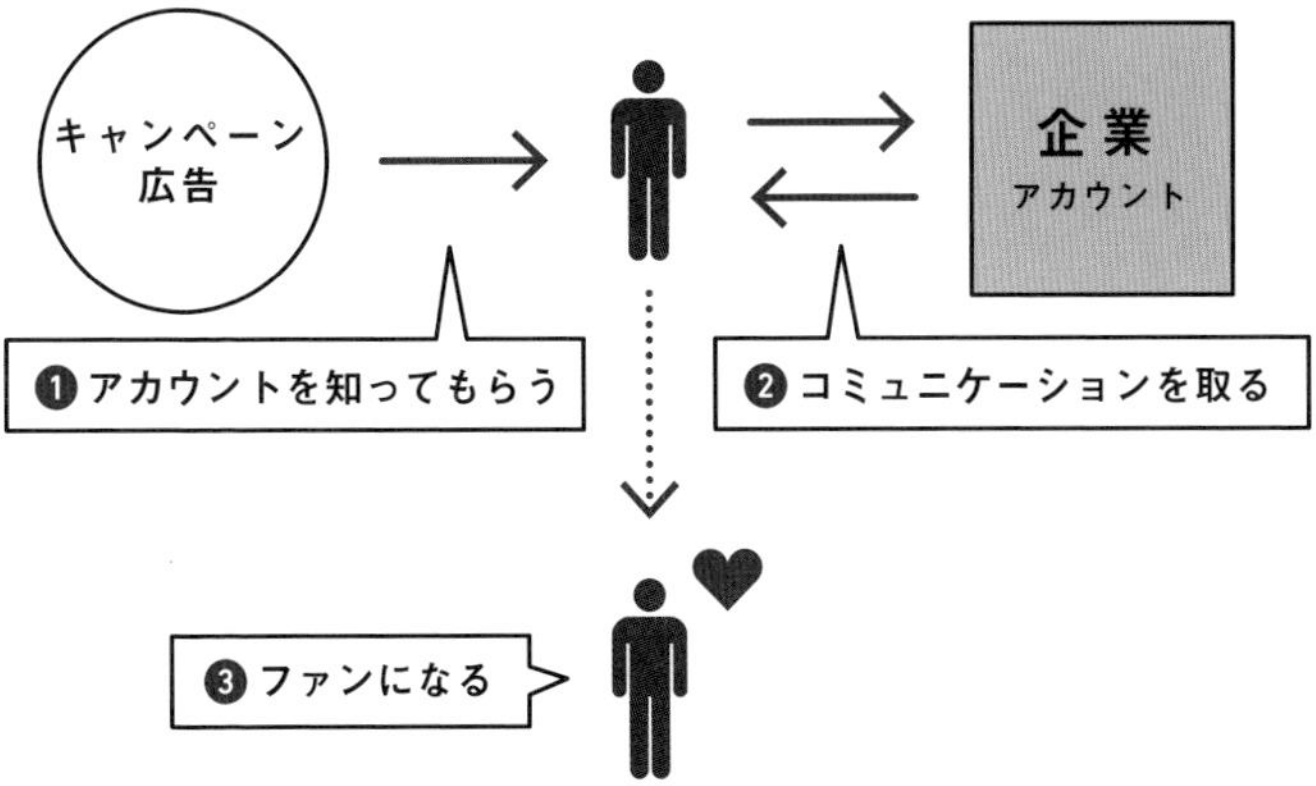

「インスタ思考法2.0」のInstagram運用では、**アルゴリズムを理解したオーガニックコンテンツの配信をベースとし、ユーザーとコミュニケーションを取ることによってファン化させ、ひいてはそのファンとの公開の場での交流から新規顧客を集客していく考え方**が重要です。広告もキャンペーンも、そのための最初のきっかけを作るための手段でしかありません。

▼集客やブランディングに時間がかかるのは当たり前

一般的に、オーガニック運用は「時間や工数がかかる」「効率が悪い」などと思われがちです。それは、一気に伝わる反面、いきなり広告が割り込むことでコンテンツが妨害される、旧来型の広告手法と比較しているからです。こうした手法とは異なり、**集客やブランディングに時間や工数がかかるのは、そもそも当たり前のこと**なのです。

ファンになり得るユーザーにアカウントをフォローしてもらい、そのフォロワーを大切にしてコミュニケーションを取る。そこから熱量の高いコミュニティを形成していく方が、ブランドにとってもファンにとってもよい状態であることはまちがいありません。キャンペーンや広告は、そのための入口でしかありません。**それ自体で、関係を深めたり、ファンを作れたりするものではない**ということを心得ておいてください。

まずは、キャンペーンや広告でアカウントを知ってもらうきっかけを作り、アカウントをフォローしてもらったら、そこからオーガニック投稿で関係を深めていく。本章を読み進めるにあたって、この考え方・流れが基本にあることを忘れないようにしてください。

キャンペーン・広告からファン化に至るまでの流れ

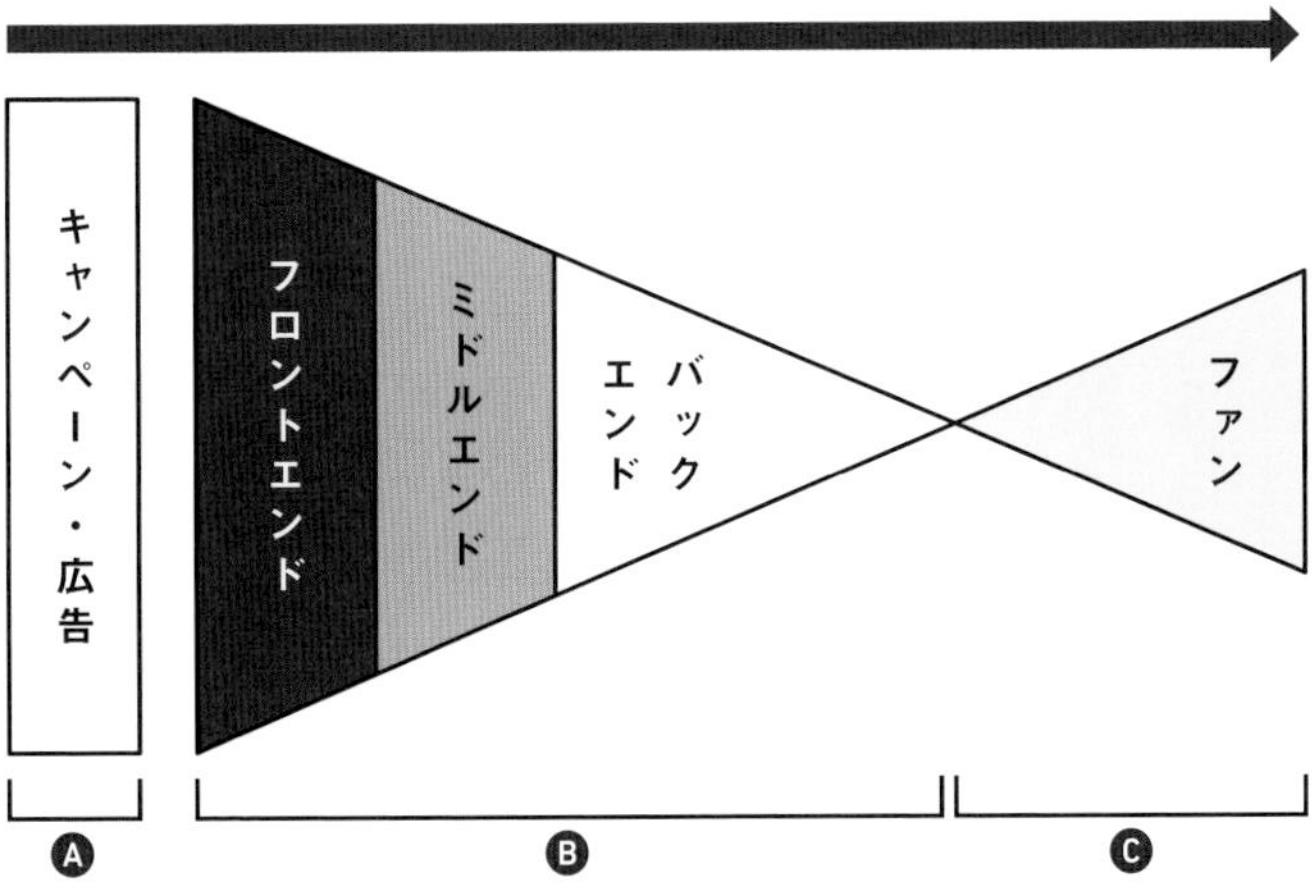

A キャンペーン・広告を通じてアカウントを知ってもらう

B この間もInstagramを通じてコミュニケーションを取る

C 一度ファンになった人がファンでなくなることは珍しいのでファンが貯まっていく

↓

キャンペーン・広告は
ファンを生み出すための入口でしかない

02

「プレゼントキャンペーン」で見込み客を集める

ここでご紹介するキャンペーンについて、まずはInstagramのプロモーションガイドラインやコミュニティガイドラインをご確認いただき、ご自身の判断で自己責任で実施するようにしてください。本書執筆時点で、本書に記載のキャンペーン例が禁止されてはいないものの、今後禁止される可能性もゼロではありません。このようなガイドラインは予告なく更新されることもありますので、キャンペーンの実施を検討する際は、必ず確認する癖を付けておくとよいでしょう。

プロモーションガイドライン

https://help.instagram.com/179379842258600/

コミュニティガイドライン

https://help.instagram.com/477434105621119/

Instagram上で行うキャンペーンは、大きく2種類に分けることができます。**自分（企業やブランド）に関心を持ってくれる層をフォロワーとして集める「プレゼントキャンペーン」**と、**Instagram内で口コミとして機能するUGCを集める「フォトコンテスト」**です。

まずはプレゼントキャンペーンの解説から行います。プレゼントキャンペーンは、フォロー＋いいねやコメントを条件に、抽選で賞品をプレゼントするなどのインセンティブを渡して実施する形のキャンペーンです。通常、1～2週間程度の期間で実施することが多いです。このキャンペーンは、賞品の内容や当選人数によって結果が変わってきます。プレゼントキャンペーンの目的は「フォロワーを集めること」ですが、これまで散々お伝えしてきているように、フォロワーは単に数だけ増やしても意味がありません。集まる数は少なくてもよいので、自社の製品やサービスに興味関心のある層を集められるように意識して、賞品の選定やクリエイティブの制作を行いましょう。物やサービスを売っている業種の場合は、**必ず自社の製品やサービスを賞品に設定**してください。そうすることで、その製品やサービスに関心のある見込み客をフォロワーとして集めることができます。

例えば飲食や美容など実店舗がある業種の場合は、来店すればプレゼントがもらえる形式にしたり、店舗でお試しサービスを受けられたりする形の賞品にすれば、直接的な集客につながります。店舗で使える商品券をプレゼントするのもよいでしょう。店舗を構えている場合、味や技術はもちろん、駅からのアクセス、スタッフの接客など、画面越しでは伝わらないことも多くあります。そのため、**プレゼントキャンペーンをきっかけに来店してもらうという導線を作るのは効果的**と言えます。一方、実店舗がない業種の場合は、直接店舗でプレゼントを渡すことはできません。そのため、当選者へ賞品を郵送することになります。その分、全国のユーザーが対象となり、多くのフォロワーを獲得しやすいと言えるでしょう。次ページから、実店舗がある場合とない場合、それぞれのキャンペーンの事例をご紹介します。キャンペーンを実施する場合の参考にしてください。

実店舗がある場合のプレゼントキャンペーン例

https://www.instagram.com/p/CcQKvAZvp5-/?igshid=MzRlODBiNWFlZA==

tokyo_solamachi

東京スカイツリータウンで実施したキャンペーン。このキャンペーンはフォトコンテストを絡めているものの、実際に来場しないと賞品が使えないものになっているため、当選者を確実に現地へ誘導することができています。

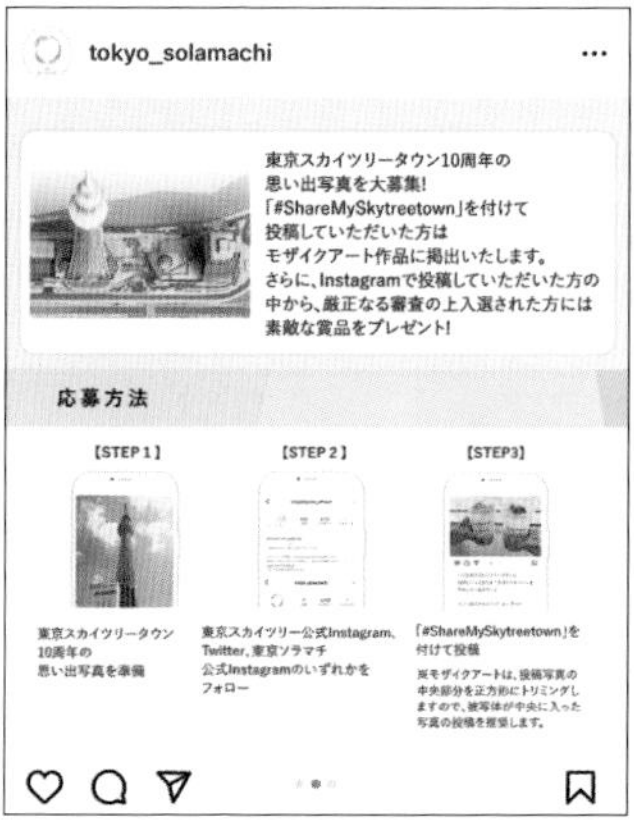

実店舗がない場合のプレゼントキャンペーン例

https://instagram.com/tantakatan_godo?igshid=MXExdWoycG5iOXRqZw==

tantakatan_godo

しそ焼酎「鍛高譚」のキャンペーンでは、1つのキャンペーンを3つの投稿を使って実施しています。それぞれの投稿に1つずつ自社製品を賞品として設定し、「ほしいものにいいねしてください」という立てつけになっています。メーカー実施のキャンペーンのため、店舗に直接誘導するのではなく、賞品を郵送する形になります。

▼キャンペーンを実施する上での注意点

キャンペーンを実施する上での注意点があります。まず、**現金や金券のプレゼントは規約上禁止**されています。現金や金券については、例え禁止されていなくても、それをプレゼントしたところで意味のない（自社に興味のない）ユーザーがフォロワーとして集まるだけです。また、**条件を満たした応募者全員にプレゼントする形のキャンペーンも禁止**されています。必ず、抽選や選考を行うようにしてください。

また、プレゼントできる性質の商品を扱っていない企業の場合、他社の人気商品をプレゼントしようと考えるかもしれませんが、それはおすすめできません。なぜなら、現金や金券と同じく、一時的にフォロワーが増えたとしても、そこから企業やブランドのファンになる可能性は低いからです。一方、自社の商品をプレゼントにした場合でも、懸賞目的のユーザーは必ず混ざってきてしまうものです。プレゼントキャンペーンは、キャンペーン終了後に一定数の離脱があることは覚悟した上で実施する必要があります。

それでも、プレゼントキャンペーンをきっかけに商品やサービス、ブランドを認知してもらい、まずは実際に使ってもらったり、来店してもらったりすることで、顧客化・ファン化していくことは事実です。アカウントの開設時や新商品のリリース時など、新規フォロワーを集めたいタイミングでプレゼントキャンペーンを実施し、それをきっかけにフォロワーとなったユーザーに見続けてもらえるコンテンツを発信していきましょう。

キャンペーンをきっかけにフォロワーになってくれた人たちに向けてコンテンツを発信し、それによってフォロワーを維持し、関係を深化させ、その既存フォロワーとのコミュニケーションを見た新規層がフォロワーとして集まってくる、という状態が理想的なサイクルです。ここでご紹介しているプレゼントキャンペーンは最初のきっかけにすぎないことを忘れずに、適切に活用してください。

キャンペーン実施時の注意点

1 現金や金券のプレゼントは禁止

2 応募者全員へのプレゼントは禁止

3 他社の商品はプレゼントしない

4 一定の離脱は覚悟する

03 「フォトコンテスト」でUGCを集める

次に、フォトコンテストです。フォトコンテストは、運営側が指定したハッシュタグを付けて投稿してもらうことを条件に、選考や抽選で賞品をプレゼントする形のキャンペーンです。同時に、フォローやメンションを条件に入れられれば、フォロワーも増えていきます。

フォトコンテストは、ここまでにも何度か登場している「UGC」を集める目的で実施するものです。**UGCとは、企業側が自社で発信した投稿ではなく、ユーザー自身がその商品やサービスについて発信している投稿**のことです。このUGCを企業アカウントで取り上げることで、ユーザーが企業側に好意を持ち、取り上げられたことをストーリーズなどでシェアすることで、さらに広がっていきます。Instagramの同じ属性のユーザーどうしでフォローし合っているという特徴も、この流れを加速させます。そして、ニーズが顕在化した時に一番に思い出してもらうためには、深いインプットが必要です。そのためには、一方的にコンテンツを発信しているだけではなく、双方向の運用が不可欠です。その双方向の運用の代表的なものこそUGCなのです。ちなみに、UGCを投稿クリエイティブとして活用することで、自社で写真の撮影を行う必要がないため、**クリエイティブ制作にかかるコストの削減にもなります**。こうした「UGC」を集めるには、必ず「投稿すること」を応募条件にする必要があります。そのため、プレゼントキャンペーンに比べて応募のハードルが高いと言えるでしょう。その分、**応募条件として指定するハッシュタグに商品名や社名などを入れることで、認知拡大につなげることができます**。また、ユーザー側の投稿作成の期間を考慮する必要があるので、応募期間は1〜2ヶ月間という比較的長い期間を設けることが多いです。

フォトコンテストには、次のような事例があります。キャンペーンをきっかけに集めたUGCは、日々の運用で活用してこそ、フォトコンテストの効果が最大化されます。その具体的な活用方法は270ページで解説を行います。

フォトコンテスト例 ❶

https://www.instagram.com/p/CfGZ1F7hRkG/?igshid=MzRlODBiNWFlZA==

zurich_japan

フォトコンテストは、この事例のようにオリジナルのハッシュタグ（#チューリッヒ保険バイクフォトコンテスト）を設け、期間中にそのハッシュタグで投稿を募るパターンが一般的です。そのハッシュタグの中に、社名や商品名を設定しておくことで、フォトコンテストに参加したユーザーには確実に認知してもらうことができます。

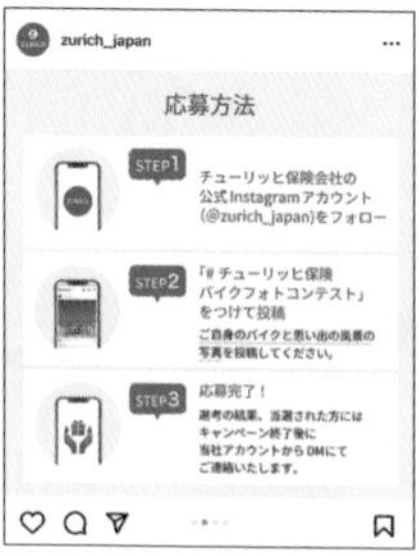

フォトコンテスト例 ❷

https://www.instagram.com/p/Crj_Go5Pa-Q/?igshid=NzZhOTFlYzFmZQ==

saitama_pref_official

埼玉県広報の事例です。賞品を埼玉県にゆかりのあるものに設定し、「埼玉県の道」をテーマに投稿を促しています。実際に埼玉県内の魅力的な風景が多く投稿されており(#埼玉県の道フォトコンテスト)、これらを見たユーザーやフォトコンテストに参加したユーザーは、埼玉県の魅力をあらためて認識することになるため、効果的なPRが実施できている事例と言えます。

04 キャンペーンの効果を「最大化する」方法

ここまでに紹介したプレゼントキャンペーンとフォトコンテスト、どちらのキャンペーンにも共通して言えることは、**応募条件を多く設定したり、複雑にしたりしない**ということです。わかりやすく、シンプルに設計して、ユーザーに確実に伝わるように意識してください。キャンペーンの応募方法などの詳細も、投稿のキャプション欄や画像に記載する形で伝えられる内容にするべきです。

それだけでは正しく伝えることが難しいという場合は、別途キャンペーンの詳細や規約を記載したLP（ランディングページ）を作るのもひとつの方法です。特にフォトコンテストの場合は、応募用に投稿された写真の取り扱いなどを規約に記載する場合も多く、投稿内では書き切れないため別途LPを作成することも多いです。

また、**キャンペーン投稿には広告をかけることをおすすめします**。キャンペーンの目的は、新規ユーザーに自社の存在を知ってもらうことですから、小規模で実施する意味はありません。やるからには効果を最大化できるよう取り組みましょう。その際、ポストアド（オーガニック投稿を広告クリエイティブとして出稿する方法）だけでは、比較的早い段階でフリークエンシー（1人あたりの表示回数）などの数値が高まり頭打ちになる可能性が高いです。なぜなら、同じクリエイティブの広告が、そのキャンペーンに興味関心があるとInstagram側が判断したユーザーに何度も表示されてしまうからです。

そんなときにLPがあれば、そのLPへ遷移させる広告をポストアドとは異なるクリエイティブで同時に打つことができます。それによって広告の種類が増えるため、例え同じユーザーに広告が表示されたとしても、キャンペーン全体の広告成果の悪化を防ぐことができる可能性があります。ちなみに、この場合のLPへ遷移させる広告は、オーガニック投稿をクリエイティブとして使用しない（ポストアドではない）ので、Facebookの広告マネージャ経由で広告を作成することになります。

予算の都合などでLPを用意できない場合は、キャンペーンを告知する目的のオーガニック投稿を複数回投稿して、それぞれに広告（ポストアド）をかける方法もあります。さらに、複数パターンのクリエイティブを用意しておくことで、自分がターゲットとしているユーザーにはどのような広告クリエイティブが響くのか、というテストも実施できます。その際は、キャンペーンを告知する投稿が連続したり、同じクリエイティブが繰り返し投稿されたりといった、フォロワーに不快感を感じさせる投稿を行わないように注意しましょう。Facebook広告マネージャを活用できる場合は、アカウントのプロフィール欄に投稿として表示させず、広告マネージャ上で広告用のクリエイティブとして作成して広告出稿するというポストアドではない方法もありますので、そちらもご検討ください。

ちなみに、毎回の投稿に薄く広告予算をかけてポストアドを実施するアカウントもありますが、それはおすすめしません。なぜなら、新規ユーザーへリーチしてエンゲージメントやフォローをしてもらうことが目的の新規ユーザー向けの投稿と、フォロワーからの反応を期

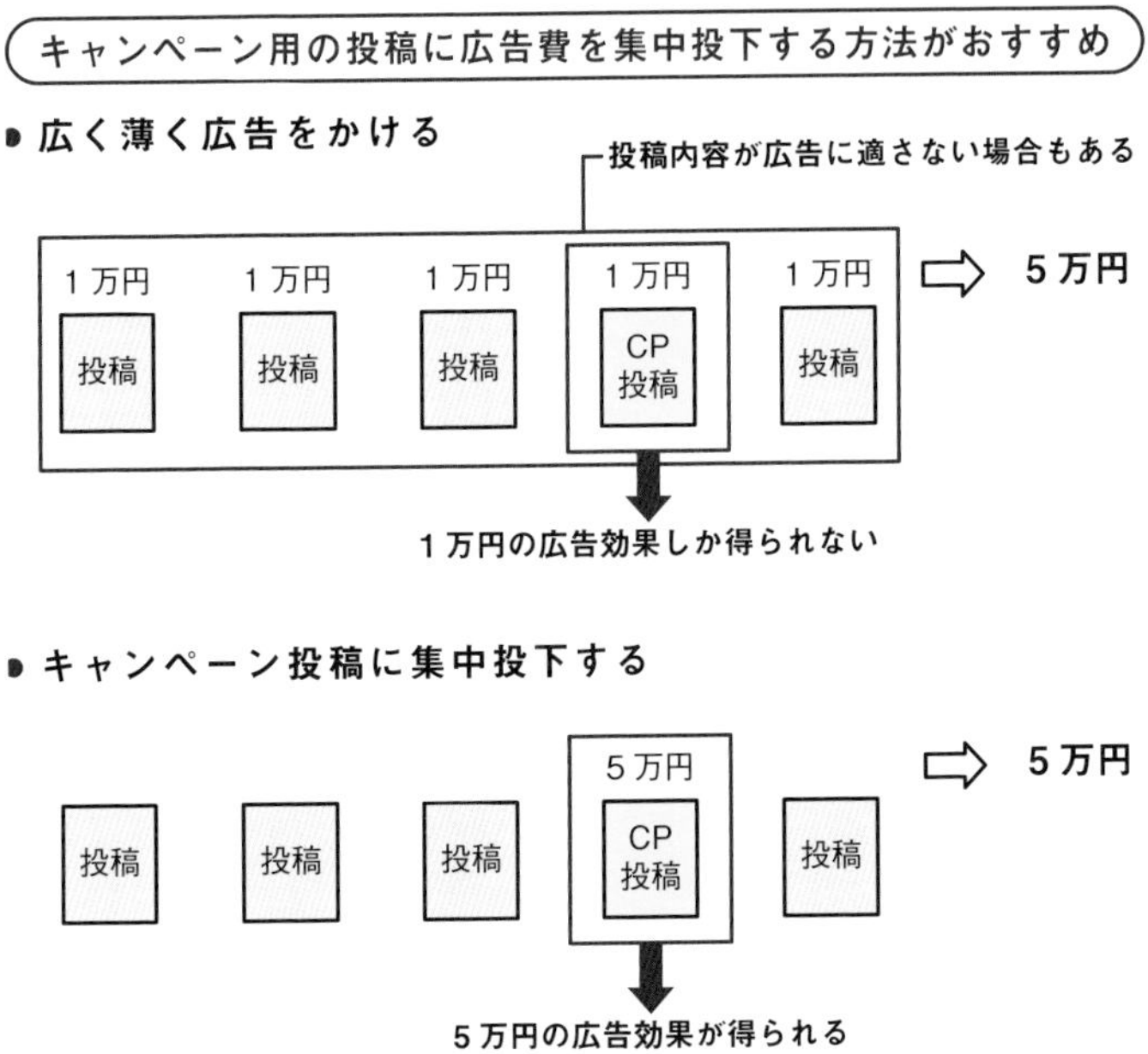

待してフォロワーとの交流を目的に投稿するフォロワー向けの投稿とでは性質が異なるため、投稿の内容によってはポストアドの実施に適さない場合もあるからです。

そのため、投稿ごとにポストアドをかけるような広告予算の使い方よりも、ここでお伝えしてきたような**キャンペーン用の投稿に広告予算を集中投下する方法がおすすめです。**予算の使い方は人それぞれですが、ぜひ参考にしてみてください。

05 Instagram広告は「宣伝色を抑える」

ここからは、Instagram広告（Facebook広告）について解説を行っていきます。とは言えInstagram広告は、それだけで1冊の本になってしまうくらい広くて深い領域です。本書ではInstagramにその範囲を絞ることはもちろん、思考法がテーマの本であるため、考え方の部分に限定してお伝えしたいと思います。

ユーザーにとってInstagram広告は、友人や好きな芸能人の投稿などに混ざって表示されるものになります。そのため、**リスティング広告などの検索エンジンの広告のように何かを探している顕在層向けに表示させる広告とは異なり、潜在層向けの広告**になります。その意味では、電車の中に貼られている広告と感覚は近いかもしれません。電車には目的地に行くために乗っているのであって、企業の広告を見るために乗っているわけではありません。

Instagramのユーザーも、友人や好きな芸能人の近況、好きなブランドのリリース情報を見に来ているのであって、わざわざ企業の宣伝を受けに来ているわけではないのです。

例えばリスティング広告の場合、自分のお店の広告を「品川　ランチ」と検索している人に表示される形になります。そのため、「うちは品川では唯一○○を扱っていて、駅からも近く、費用も◯◯円～でお得です」といった宣伝色が強い広告を目にしても、特に悪い印象にはなりません。しかし、Instagramでそれをやってしまうと「そんなものは求めていない」「自分のフィードに表示してほしくない」といった感覚になるユーザーも多く、会社やブランド自体にネガティブな印象を持たれてしまいます。さらに、ユーザーによっては「広告を非表示にする」「広告を報告」といったネガティブなアクションを起こされてしまい、Instagramからのアカウントの評価が下がり、広告が表示されづらくなったりもします。そうなってしまうと取り返しがつかないので、**広告クリエイティブを作成するときは、宣伝色を抑えながら伝えたいことを伝える**、という考え方で行うようにしてください。

06 Instagram広告で「失敗しない」3つのポイント

ここまででInstagram広告を実施する上での考え方を理解していただいたので、実際に広告クリエイティブを作成する際のポイントをお伝えします。前述したポストアドの場合、投稿をそのまま広告として投稿することになります。そのためポストアドをかける前提で投稿する場合は、あらかじめ次のようなポイントを意識して投稿するようにしましょう。

❶画像内のテキストは20%以下にする

以前は、画像内のテキスト割合が20%以上だと広告が承認されなかった時代もありました。現在そのルールは撤廃されているものの、20%以下にした方がパフォーマンスが伸びると公式発表で言われています。引き続き意識するようにしてください。

❷ 可能な限り動画で表現する

画像と動画とでは、伝えられる情報量が違います。また、動かないものよりは動くものの方に目が行きます。そのため、できるだけ静止画ではなく、動画を活用した広告クリエイティブを検討してください。

❸ ユーザーに期待するアクションを明示する

ユーザーに行ってほしいアクションを明示することも大切です。広告をクリックしてリンク先に飛んでほしいのか、アカウントをフォローしてほしいのかなど、何をしてほしいのかが明確に伝わるようにすることで、CVR（その広告の目的に至った割合）の向上につながります。

その他にも、ユーザーが広告にリアクションすることで得られる利益を意識したり、画像とキャプション、クリエイティブ自体と遷移先などに一貫性を持たせることで離脱を防ぐように意識をするなど、当たり前と思われる部分もしっかりと考慮してください。

07 「週50件以上のコンバージョン」を獲得できる広告費が正解

企業研修や講演をしていると、よく「広告費はいくらくらいで設定するのが適正ですか？」という質問を受けます。しかし、広告にどのくらいかける必要があるかは、広告の目的によって変わってきます。Instagram広告（Facebook広告）には、広告の自動最適化機能があります。Meta社からは、この**自動最適化に必要な自動学習は「週50件以上のコンバージョン獲得で正常に機能する（広告セット単位）」**と発表されています。**「コンバージョン（CV）」というのは、設定した成果を達成すること**を指します。例えばサイトの遷移が目的であれば「トラフィック数（＝クリック数）」、投稿へのいいねなどが目的なら「エンゲージメント数」が、コンバージョンとして定義されます。またInstagram（Facebook）広告には、次の6つの目的が用意されています（2023年12月現在）。この目的のことを、「キャンペーンの目的」と言います。

広告マネージャの
キャンペーン選択画面

❶認知度

広告の記憶が残る見込みがもっとも高い人に広告を表示します。

❷トラフィック

ウェブサイト、アプリ、Instagramプロフィール、Facebookイベントなどのリンク先に利用者を誘導します。

❸エンゲージメント

メッセージ、メッセージを通じた購入、動画の再生数、投稿のエンゲージメント、ページへの「いいね！」、またはイベントへの参加を増やします。

❹リード

ビジネスやブランドのリード（見込み客の情報）を獲得します。

❺アプリの宣伝

アプリをインストールして継続的に使ってくれる人を見つけます。

❻売上

商品やサービスを購入する可能性が高い人を見つけます。

▼CPAが安ければよいというわけではない

ここでは、これら6つの目的のうち、❷の「トラフィック」を目的に広告を出稿すると仮定します。Instagram広告でのトラフィックは、高く見積もっても100円あれば大体1件は取ることができます（弊社の過去の支援実績では50円前後が平均になります）。自動最適化は「週50件以上のコンバージョン獲得で正常に機能する（広告セット単位）」という情報から、CPA（コンバージョン単価）100円のものを週に50件取れればよいとすると、週に5000円、1日あたり715円程度あれば、自動最適化が正常に働き、よい結果が生まれやすいと言えます。

CPA100円×50件＝週5000円（1日あたり715円程度）　※広告セット単位

ただし、この金額は広告の目的によって大きく変わってきます。例えばリードの獲得を目的とした場合、CPAが1000円を超える可能性もあると思います。反対にエンゲージメント獲得を目的とする場合、CPAは数円ですむことが多いと思います。このように設定する広告の目的によって必要な額が変わってくるので、目的に合わせて計算するようにしてください。

また、**単純にCPA（全体の広告費）が安くすめばよいかと言うと、当然そんなことはありません**。自分のビジネスを俯瞰して見たときに、Instagramというプラットフォームがどこに位置し、どのような役割を担うものなのかを明確にした上で、どのような目的でInstagram広告を活用するのが適切なのかを判断するようにしてください。

例えばトラフィック目的の広告は、前述の通り、高く見積もっても100円あれば1件のCV（リンクのクリック）を獲得することは可能です。しかし、リンクをクリックしてページに遷移してもらったところで、必ずしも売上につながるとは限りません。ECサイトで物を売っていると仮定した場合、そこからユーザーにページ内を見てもらって、納得して商品を購入してもらう必要があります。となると、その最後の「購入」をCVに設定した広告に設計する方がよいと言えますが、その場合CVの単価＝CPAは、もちろん高くなります。

CPAが高くなると想定されるということは、広告効果を最大化するために週50件のCVを獲得しようと思うと、相当な金額の広告費を用意する必要があるということになります。「果たして自社は、その相当な金額の広告費を利用できるだけのビジネスの設計になっているか」という点を踏まえて、広告の目的や予算を設計する必要がある、ということです。

消化できる金額（設定する広告費）が少ないと、週50件以上のコンバージョン獲得が難しくなります。そうなると、広告枠のオークションで競り勝ちにくい↓クリック数を獲得しづらい↓クリック単価が高くなる↓クリック数がさらに獲得しにくい、といった負のループに陥ります。その結果、週50件以上のクリック獲得までに時間を要する、もしくは最悪の場合、獲得できない可能性も出てきます。これにより、自動学習が機能しない／完了しない現象につながってしまうため、それを避けるために、**広告セットの1日あたりの消化金額が「週で50件以上のコンバージョン獲得」を実現できるものになるよう、予算を配分する必要がある**のです。

そのため、**広告予算が潤沢にない場合は、広告費を分散させない**ようにしてください。少ない金額だと、自動最適化がかからないまま広告が終了する場合もあり、配信効率の悪い広告運用になります。例えば投稿自体をブーストする目的で各投稿にエンゲージメント獲得目的の広告をかけるよりも、前述のようなプレゼントキャンペーンやフォトコンテストなどのキャンペーン投稿に広告を集中投下するなど、目的を絞って広告をかける方が効果的と言えます。

Instagram広告自体は100円からでも出稿できますが、期待している成果に結びつけるためには、広告の目的に合わせて週50件以上のコンバージョン獲得ができる金額に設定した上で運用するようにしてください。

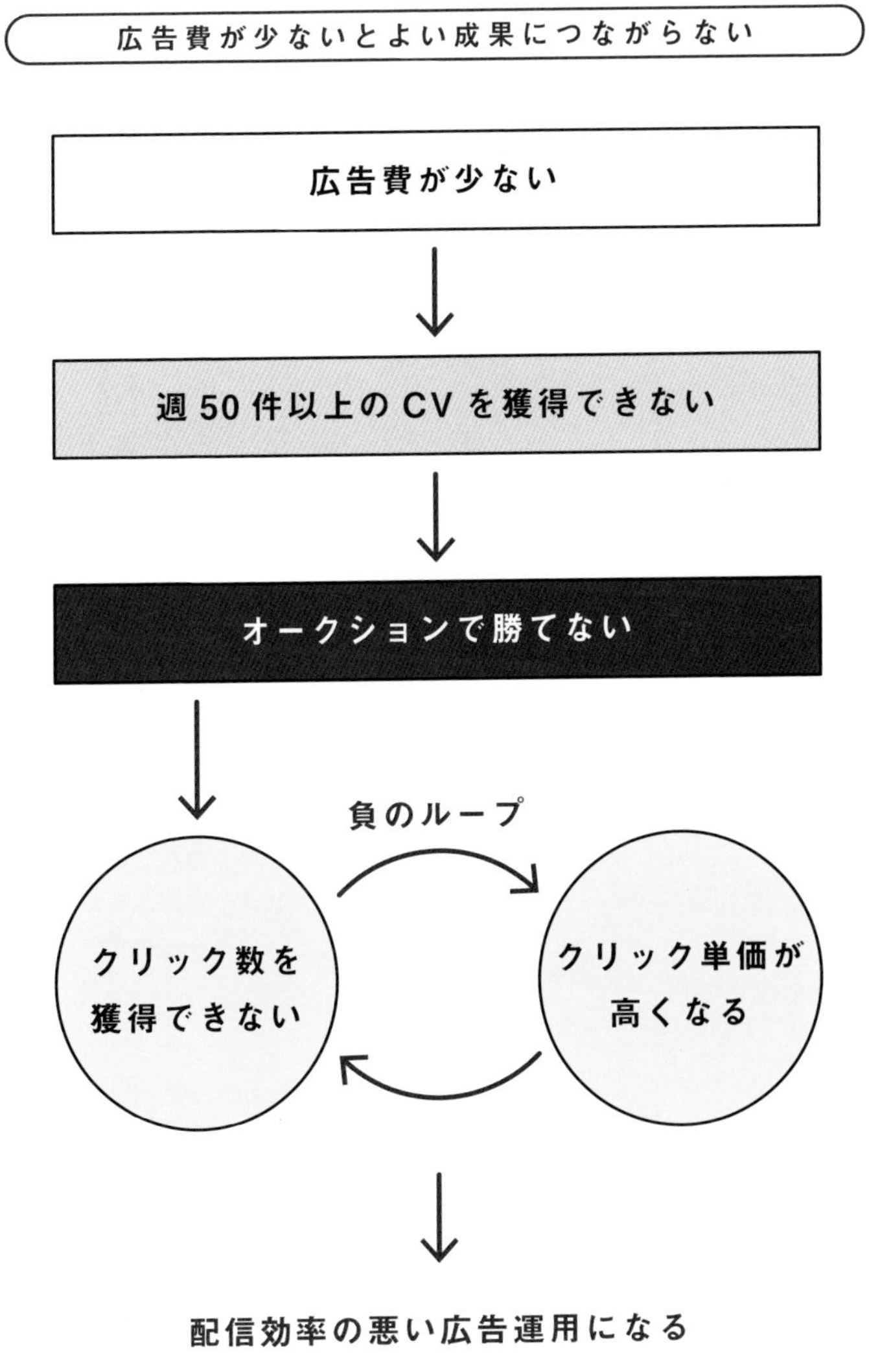
広告費が少ないとよい成果につながらない
広告費が少ない
週50件以上のCVを獲得できない
オークションで勝てない
負のループ
クリック数を獲得できない
クリック単価が高くなる
配信効率の悪い広告運用になる

08 インフルエンサーとのクリーンな付き合い方

現代は、一部の力を持った人やメディアだけでなく、誰もが発信できる時代になり、個人的には「1億総インフルエンサー時代」になっていると感じています。ある程度のフォロワー数になると、企業からギフティング（インフルエンサーに紹介してもらう目的で企業が商品やサンプルを提供する手法）があったり、タイアップ依頼があったりします。企業側も、インフルエンサー施策に割く予算を設けていることが増えてきています。

従来、インフルエンサーが企業から依頼を受けて商品を紹介する際、ステルスマーケティング（ステマ）にならないよう「＃ＰＲ」や「＃タイアップ」というハッシュタグを付けるのが一般的でした。しかし２０２２年10月に開催されたInstagram のイベント内で、「＃ＰＲ」や「＃タイアップ」というハッシュタグ表記は非推奨という発表がされました（なお、ハッシュタグで表記することが非推奨というだけで、引き続きステマにならないよう**「企業から依頼を受けて紹介している」ということが伝わるように、画像や動画、キャプションなどのクリエイティブを作成するべき**というスタンスに変わりはありません）。

そこで登場したのが、「ブランドコンテンツ」です。最近、Instagram内で「タイアップ投稿」と書かれた投稿を見かけないでしょうか？　これが「ブランドコンテンツ」です。企業側がインフルエンサーに商品を紹介してもらう際に、ユーザーに対して透明性をアピールしたり、広告出稿や投稿分析などを管理したりする上でも便利になることから、**金銭の受け渡しが発生している場合やギフティングを行う場合は、「ブランドコンテンツ」を設定しておくべき**と言えます。ブランドコンテンツの設定を行うことで、インフルエンサー側が投稿したコンテンツのインサイトを企業側からリアルタイムで閲覧できるようになります。そのため、インフルエンサー側が嘘の情報を企業側に渡す恐れもなく、両者で分析を簡単に行えるようになります。

ブランドコンテンツの設定方法など、詳細は公式のヘルプページからご確認ください。

https://creators.instagram.com/earn-money/branded-content?locale=ja_JP

ブランドコンテンツについて

また、ブランドコンテンツの設定をした投稿は、そのまま広告として配信できます。これを、ブランドコンテンツ広告といいます。それにより、インフルエンサーのフォロワー以外にも幅広くリーチすることができます。また、**「企業からの一方的な広告」という従来の宣伝色の強い印象の広告ではなく、「実際に使った人の声を広告として届ける」といった形になり、ユーザーにとっても魅力的で、企業にとっても効果的な広告**と言えます。

なにより、「投稿がブランドコンテンツである」と示すことは、「その投稿に対価が発生している」と、ユーザーやファンに伝えることと同義です。例えばステマとして炎上してしまうと、企業イメージが大きく損なわれてしまいます。そのようなリスクも回避でき、クリーンにインフルエンサーと協業していることを伝えられる「ブランドコンテンツ」は、今後より積極的に活用していくべきと言えるでしょう。

▼インフルエンサーは「信用ビジネス」

本節は、企業がインフルエンサーを活用する視点で解説を進めてきましたが、最後にインフルエンサーの方に向けたお話も少しだけさせてください。最近、筆者の周りでもインフルエンサーとして活動している人が増えています。その中で、「うまくやっているな」と思う人と、「これはフォロワーが離れていくな」と感じる人がいます。

そのポイントは、やはり「企業案件の投稿（企業から依頼されて商品を紹介する投稿）の割合」です。そのインフルエンサーが活動している領域によっても異なるため、一概に何％以内が適切という基準はないのですが、**企業案件の投稿の割合が増えてくると、どうしてもそのイメージがついてしまいます**。

例えば、本当にそのブランドが好きで愛用していたり、本当に好きでよく行ったりする場所でも、「どうせまた企業から頼まれて投稿しているんだろうな」と、フォロワーが純粋にコンテンツを楽しめなくなってきてしまうのです。そうなると、ファンはそのインフルエンサーを信用できなくなり、フォロワーが減り、商品も売れなくなり、インフルエンサーとしての活動も危うくなっていきます。

インフルエンサーは、信用商売です。一度そのようなイメージがついてしまうと、なかなか回復することは難しいです。インフルエンサーの皆さんは、最初は企業から依頼が来ると嬉しくて、2つ返事で案件を受けてしまいたくなると思いますが、いったん冷静になって、「この企業のこの商品は自分の大切なフォロワーに紹介するに値するものなのか?」「そもそも自分が好きなものなのか?」「フォロワーに求められているものなのか?」など、慎重に検討を重ねた上で判断するようにしてください。

本章では、キャンペーンや広告という飛び道具について、最低限のことを解説してきました。しかしこの章の冒頭でお伝えした通り、Instagram はあくまでもオーガニックの運用がベースになります。**Instagram の基本は、アルゴリズムを理解したオーガニックコンテンツを配信し、ユーザーとコミュニケーションを取ることでファン化させ、そのファンとの公開の場での交流から新規のファンを集客していくこと**であって、広告もキャンペーンも、それをブーストするための手段の1つでしかありません。このスタンスを忘れずに、キャンペーンも広告も活用するようにしてください。

次章では、Instagram においてもっとも重要な考え方をお伝えします。

COLUMN

TikTokからInstagramに誘導する

本章では、アカウントを知ってもらうきっかけを作るための施策としてInstagram内で行えるキャンペーンや広告施策について解説してきました。しかし、ソーシャルメディアがインフラ化しているこの時代、Instagram内での活動だけではなく、他のソーシャルメディアとInstagramの掛け合わせを考えることも重要です。

日本における主要なソーシャルメディアには、次のようなものがあります。

この中でも、特にTikTokの躍進は肌で感じている方も多いのではないかと思います。TikTokの強みは、潜在層への拡散力です。TikTokは、発信者のフォロワー数に関わらず、優良と評価したコンテンツを適切なユーザーに届ける、独自のアルゴリズムを採用しています。このレコメンド機能が優秀なため、多くのユーザーは自分がフォローしているアカウントのコンテンツが表示される「フォロー中」のフィードよりも、TikTok

主要なソーシャルメディアのMAU

- Instagram：3300万人（2019年時点）
- Facebook：2600万人（2019年時点）
- X（旧Twitter）：4500万人（2017年時点）
- LINE：9500万人（2023年時点）
- TikTok：1700万人（2021年時点）
- YouTube：7000万人（2022年時点）

がレコメンドしてくる「おすすめ」のフィードを閲覧することが多いのです。そのため、他のソーシャルメディアではリーチすることが難しい、既存フォロワー以外の新規ユーザーにアプローチしやすいしくみになっています。つまり、TikTokは新規層の開拓に向いているソーシャルメディアであると言えます。

ただし、TikTokにも欠点があります。それは資産性が低いことです。他のソーシャルメディアのように、わざわざフォローしてコンテンツを見なくても、前述した通りレコメンド機能が優秀なため、おすすめフィードを見ていれば、自分に最適なコンテンツが上がってきます。それだけで十分に有益で、時間を潰すという目的を達成することができるのです。

そのような性質上、TikTokはアカウント自体のファンになってもらうためのハードルが高く、アカウントにファンが集まりづらいと言えます。Instagramに比べて既存フォロワーとのコミュニケーションの接点も少なく、投稿ごとに動画再生数が大きく変化する点も特徴的です。

TikTokとInstagramの特性を考えると、潜在層への拡散力があるTikTokでリーチを広げて新規層を獲得し、ファン候補をInstagramに誘導(TikTokではプロフィールでInstagramと連携設定することでアカウントをリンクさせることができます)してフォローしてもらい、Instagram内で交流することでファン化させる。これが、現時点ではもっとも理想的なサイクルと言えるでしょう。

TikTokからInstagramへ誘導する際のポイントとしては、TikTokではとにかくコンテンツの質が大切なため、動画自体やキャプションの中にInstagramへの誘導を入れるなど、ユーザーのコンテンツへの集中を妨害するような方法はおすすめできません。あくまで、興味を持ってもらったらプロフィールのリンクからInstagramに飛んでもらうという、控えめなスタンスを貫きましょう。

そのため、プロフィールの自己紹介欄には「Instagramでは○○な人に向けて○○な内容を発信しています」といった形で、Instagramアカウントの存在や運用スタンスなどをしっかりと明記しておく必要があります。これはYouTubeも同様で、TikTokと同じ方法で、YouTubeからInstagramに誘導することも効果的です。

第6章

コミュニケーションの思考法

01 すべての人が「インフルエンサー」になる時代

この章では、本書を通じて読者の皆さんにもっともお伝えしたい、ソーシャルメディアの本質とも言える「コミュニケーション」についての考え方を解説していきます。早速、中身に入っていきます。

例えば筆者と同じくらいの30代前半の年代の方の場合、両親（2人）、祖父母（2人）、妻（1人）、子ども（2人）、特に仲のいい友人（3人）、仲のいい同僚（3人）など、内訳は異なるとしても、**概ね10〜15人くらいは、自分が強く影響を与えることのできる関係性の人がいると思います**。

この人が、友人たちとのLINEグループの中で「大事なクライアントをお連れできるお店を探している」と発信し、それに対して、友人たちからおすすめのお店のInstagramア

自分が強く影響を与えられる関係性の人々

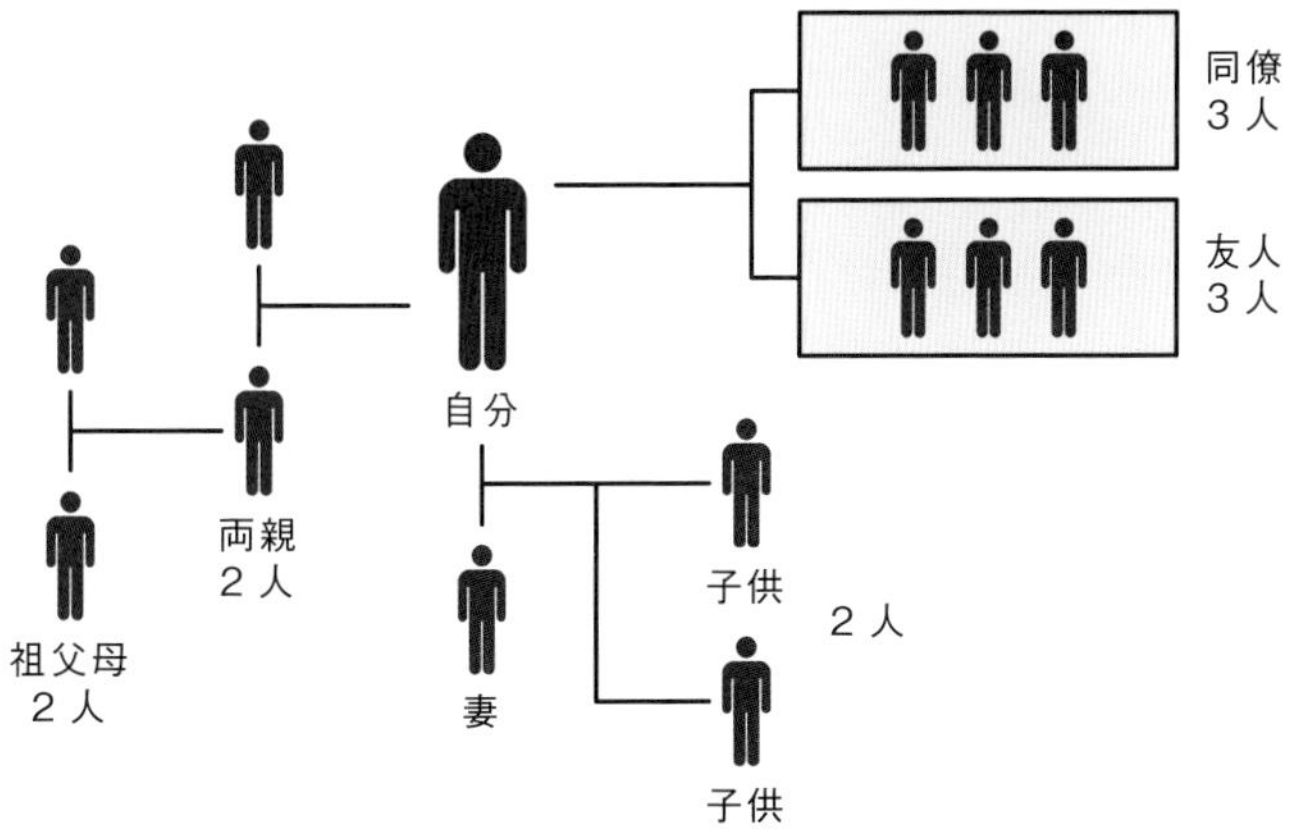

カウントのURLが送られてきたとします。その場合、その後どれだけ他のお店の広告やInstagramの投稿を見たとしても、その友人たちから届いた情報の価値を超えることはないと思います。

また、同じく「会食で利用できるお店を探している」というニーズのある状態で、Instagramストーリーズに仲のいい同僚が発信した「新しく◯◯にできたお店に行ってきた！ すごくよかった！」といった投稿を見た場合も同じです。つまり、**信頼している人からの情報は、そうでない情報に比べて強い影響力を持つ**ということです。

このように考えると、世の中のすべての人が多かれ少なかれ「インフルエンサー」であると言えるのではないかと思います。前述のような強く影響を与えられる関係性の人をはじめ、現実世界で会ったことがない人ともソーシャルメディアでつながっているこの時代。自分ではインフルエンサーのつもりはなくても、Instagramのユーザー全員が、Instagramを経由して大なり小なり人に影響を与えていると言えます。つまり、**ユーザー全員が「無自覚なインフルエンサー」**なのです。

▼消費者が発信する情報こそが「UGC」である

こうした「無自覚なインフルエンサー」は、その全員が消費者でもあります。そして、フォロワーや友人・知人の数に関わらず、消費者は日々、大小さまざまなコミュニティに対して発信をしています。ここで言う「コミュニティへの発信」の例としては、前述の友人とのLINEグループでの会話、Instagramなどのソーシャルメディアでの投稿、毎日の会社の同僚との会話なども含みます。そして**「無自覚なインフルエンサー」は、インターネットやリアルの場で、自分の経験から得られた情報を発信したいと思っている**のです。

つまり、ここで理解していただきたいことは

「身近な人の発信は、そうでない人の発信よりも影響力を持つ」
「フォロワー数に関係なく、どんなユーザーでも強い影響を与えられる人間が一定数いる」
「どんな消費者でも発信したがっている」

ということです。**こうした消費者が発信する情報こそ、すなわち「UGC」**ということになります。そして、発信されたUGCを企業側がコンテンツとして取り上げるなど反応することによって、それをきっかけにコミュニケーションが生まれます。それこそがソーシャルメディアの役割であり、このようにコンテンツをきっかけにコミュニケーションが生まれていく状態こそが、本来のInstagramのあり方なのです。

02

どのようなインフルエンサーが「共感・支持」されるのか？

このように、現代は「1億総インフルエンサー時代」と言える状況になっています。10～30代のInstagram利用者のうち、フォロワー数1000人以上のナノインフルエンサーは30％を超えており、マイクロインフルエンサーの領域に達するユーザーも増え続けていると言われています。従来に比べて、ナノインフルエンサーやマイクロインフルエンサーの占める割合が増えてきているのです。ここで、237ページの図をご覧ください。

❶の「有名人」は、誰もが知っている芸能人やスポーツ選手などがInstagramアカウントを運営している場合が該当します。フォロワー数で言うと、100万人以上になるイメージです。

❷の「トップインフルエンサー」は、テレビや雑誌などで見かける回数は少ないものの、

Instagramを含むインターネットの世界では有名人という場合が該当します。フォロワー数で言うと、10万人から100万人ほどになることが多いでしょう。最近は、YouTubeやTikTokの世界で有名になったことをきっかけにテレビなど他のメディアで活躍し、「有名人」のレベルにまでフォロワー数が拡大するパターンも増えています。

❸の「マイクロインフルエンサー」は、フォロワー数は1万人から10万人、特定の分野に特化しており、その分野ではカリスマ的な存在と言える場合が該当します。例えばInstagramには、ファッションや美容ジャンルのマイクロインフルエンサーが多いです。その他にも、部屋のＤＩＹやおすすめの家具、家電などを紹介する暮らし系のマイクロインフルエンサーも増えています。

❹の「ナノインフルエンサー」は、フォロー数は1千人から1万人、特定の分野の中でも特にニッチな領域に特化していたり、ある特定の地域の情報に発信を絞っていたりする場合が該当します。より上のレベルのインフルエンサーになるために成長途中のインフルエンサーも、ここに当てはまります。

▼インフルエンサーの価値はフォロワーの数では測れない

インフルエンサーの種類は、大きくこのような区分けをされることが多いです。膨大なフォロワー数を抱えるトップインフルエンサー以上になると、全員のコメントやDMに返信することは現実的に難しいですが、マイクロインフルエンサーやナノインフルエンサーの規模であれば、フォロワーにしっかりと返信して交流を図っているインフルエンサーも多いでしょう。

このようにインフルエンサーの種類や役割が細分化された結果、インフルエンサーの価値をフォロワーの数だけで測ることが難しくなってきています。そして、薄く、広く影響を与えるトップインフルエンサーが価値を持つ時代は終わりを告げようとしているのです。現代は、**フォロワー数は少なくても、1人ひとりのフォロワーと深く交流し、濃い関係性を作っているナノインフルエンサーやマイクロインフルエンサーこそが共感され、支持される時代**です。その結果、特定の領域で影響力を持つマイクロインフルエンサーやナノインフルエンサーが増え、トップインフルエンサー以上では得られない濃い関係性を築きあげることで、

有名人と一般人の間に位置するインフルエンサーが増加

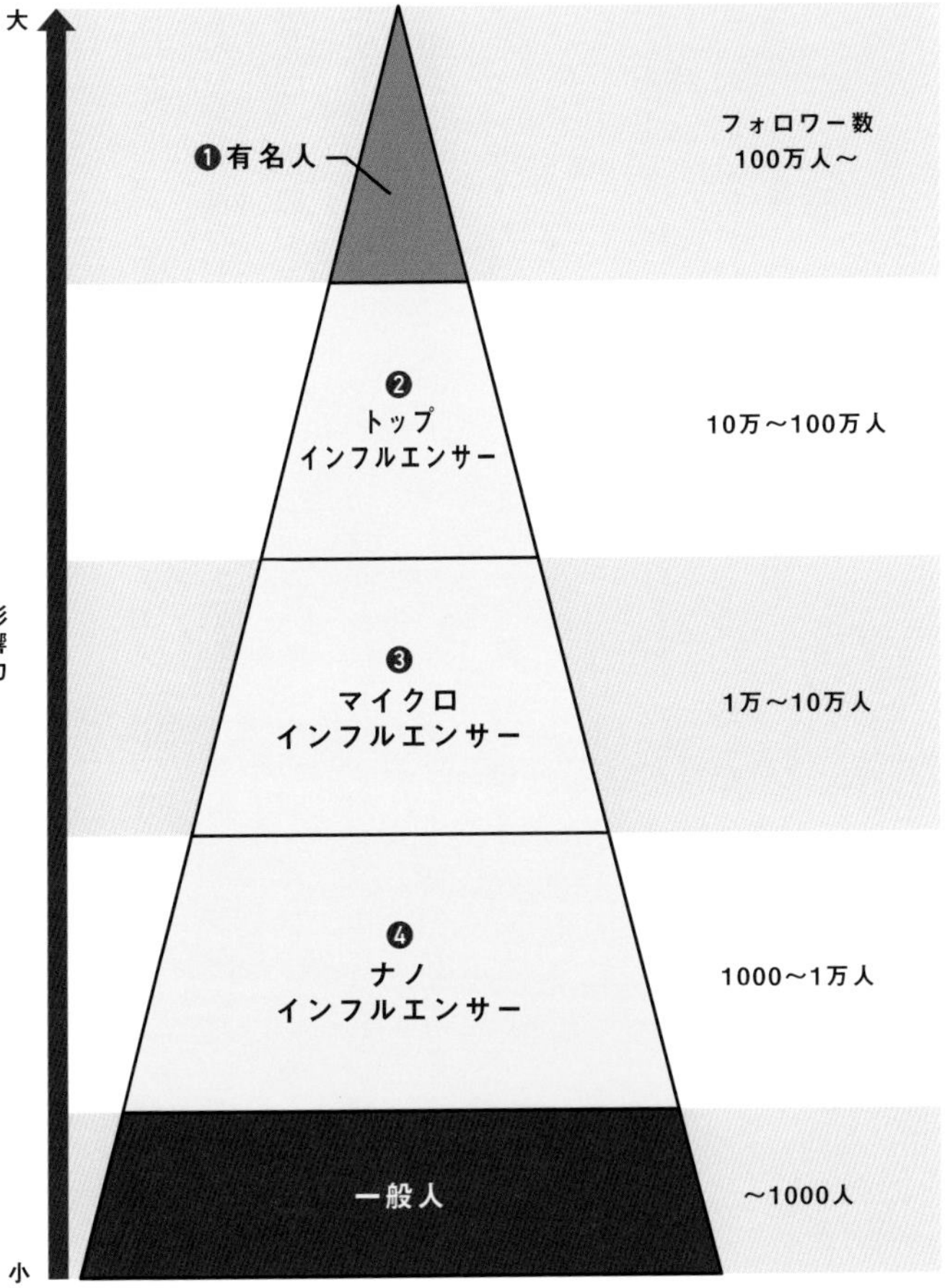

❷もとはインターネットの有名人で今はネット以外でも活躍
❸特定分野に特化した投稿でその分野ではカリスマ的存在
❹超ニッチ分野に特化、または成長途中のインフルエンサー

比較的小規模なコミュニティに対して強い影響力を持つ時代へとシフトしつつあるのです。

例えば左ページの図のように、仮にファン全体の母数が同じであったとしても、以前であれば1人の有名人の下にすべてのファンが集まり大きいピラミッドを1つ作っていたのに対し、現在は、複数のマイクロインフルエンサーやナノインフルエンサーの下に分散してファンが集まり、小さいピラミッドが複数作られている、といった現象が起きています。つまり、ひと昔前のように、有名人やトップインフルエンサーと言われる数十万人・数百万人規模のインフルエンサーだけが活躍できるという時代ではなくなったということです。

母数は同じでも、数の構成が違う

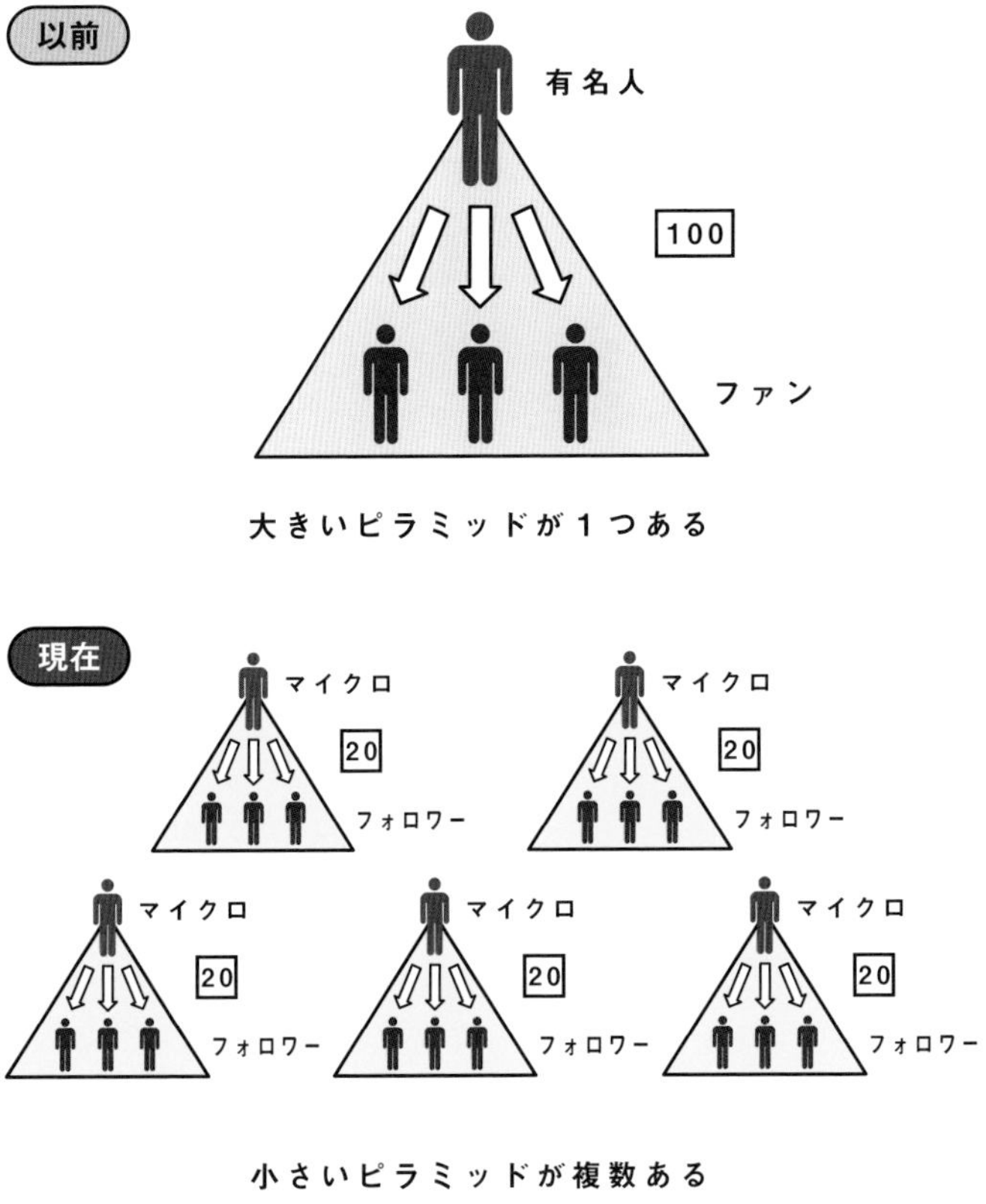

03 発信する消費者による「本音感のある情報」が鍵

このように、現在は「誰でもインフルエンサーになれる時代」であると言えます。Z世代も20代になり、ソーシャルメディアネイティブ世代の割合が増えています。すでに発信している人はもちろん、これから発信したいと思っている予備軍の絶対数も増えているのです。

企業は今、**「すべての消費者は発信者である」**ということ。そして**「発信者は自分が経験した商品やサービスについて発信したいと思っている」**ということを自覚するべきです。本書では、この**「ファンでありインフルエンサーでもある消費者」**を、**「発信する消費者」と定義**します。そして、今の時代を生きる「発信する消費者」は、Instagramで自身が発信することによって生まれるコミュニケーションを求めているのです。コミュニケーションの対象は、価値観の近い友人や知人、フォロワーはもちろんのこと、その商品やサービスの提供

すべての消費者は「発信者」である

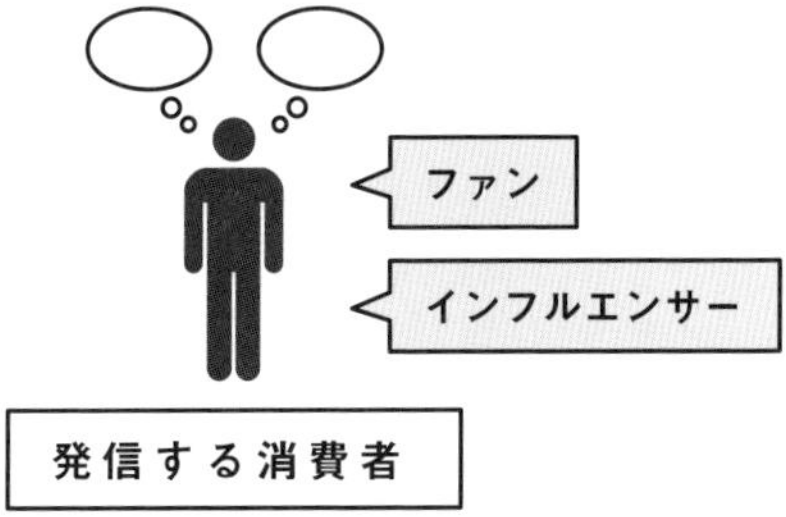

発信者は自分が経験した商品や
サービスについて発信したいと思っている

元である企業も含まれます。

企業にとって重要なことは、この「発信する消費者」に、いかに自発的に発信してもらえるか、ということです。それも、企業からのギフティング施策やキャンペーンによって「発信させられている」のではなく、「自らの意思で発信」してもらえるかどうかが、Instagramでのファンの獲得や、売上拡大などの目標達成に大きく関わってきます。

そのためには、「発信する消費者」の「本音感」をどのように作り出していくかが鍵になります。「発信する消費者」には、通販のテレビCMのように言わされている感満載の「嘘っぽい情報」ではなく、好きでたまらないという感情が乗った「本音感のある情報」を広げてもらう必要があるのです。

▼「質の高いUGC」がポジティブなサイクルを生む

この**「本音感のある情報」とは、すなわち「質の高いUGC」と言い換えることもできます**。UGCを投稿するユーザーは、すでに集まっている実際のUGCを見て、投稿のスタンスを理解し、投稿内容を決めていきます。そのため、最初の段階で本音感のあるUGCが集まらないと、その後の投稿も、本音感を伴うものにはなりません。

UGCの全体の印象を「本音感のある」ものにするためには、最初にUGCを生み出す目的で実施することになるフォトコンテストの立て付けを工夫する必要があります。具体的には、例えばフォトコンテストの告知投稿の際、賞品や応募条件などをカルーセルで投稿すると思いますが、そこに画像を1つ追加し、「こんな投稿をお待ちしています」といったサンプルを掲載したり、フォトコンテストのLPがある場合は、その中に見本としてイメージ投稿を掲載したりすると、ユーザーはそれをもとに自分の投稿を考えてくれます。

フォトコンテストは賞品を用意する場合も多いため少し広告色のある施策ですが、「今現在、自社のUGCが1つもない」という場合は、**最初だけでもフォトコンテストを実施することをおすすめします。UGCは0から1を生み出すことが大変なので、その部分をフォトコンテストのようなキャンペーンに助けてもらうイメージ**です。

これをせずにUGCを生み出す場合、日々の投稿の中で地道に告知をしてUGCに利用してもらいたいハッシュタグを周知させたり、プロフィールにUGCを募集している旨を記載したりすることになります。実店舗がある場合は実店舗でPOPなどを使って告知したり、ECサイトを運営している場合は商品発送時に「このハッシュタグでぜひ投稿してください」といったカードを封入したり、といった時間のかかる方法しかありません。そのため、少しでも時間を短縮するために、0→1の段階だけでもフォトコンテストに頼ることをおすすめしています。

また、投稿されたＵＧＣへの企業アカウント側からの反応も重要です。ＵＧＣに対してコメントで反応することは当然として、中の人が人としてきちんと返信してくれていると感じられるように、定型文でのコメントではなく、工数はかかっても１つずつ内容を精査してコメントを返していくべきです。そうすれば、コメントを受け取った方は返報性の法則により、さらに質の高い投稿（＝本音感のある発信）をしてくれる可能性が高まります。そうなると、そのＵＧＣに対して再び企業アカウントから返信があり、またそれに答える形でＵＧＣが生まれ、といった形で、人と人の間で心のこもったコミュニケーションが繰り返されることになります。

そして、こうしたＵＧＣ投稿やコメント欄でのやり取り、質問スタンプへの回答をストーリーズでシェアするといった、**公開の場で行われるコミュニケーションを見た人がよい印象でブランドを認知し、そこからさらにＵＧＣが投稿されることで、ファンがファンを呼び、拡大していくイメージ**となります。

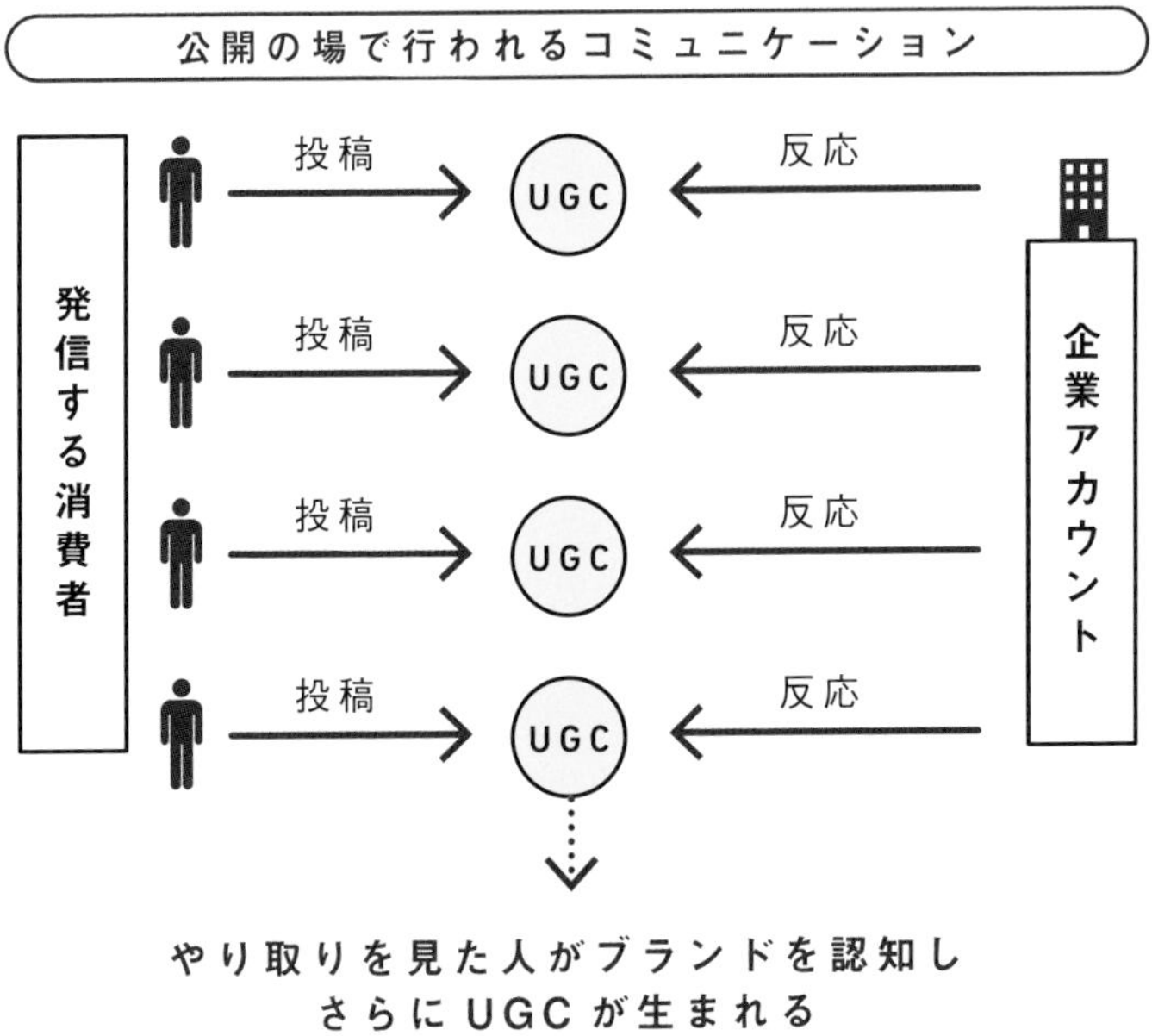

こうしたポジティブなサイクルが続いていくことで、コミュニケーションの当事者はもちろんのこと、その周辺でやり取りを見てきた人たちまでもが、その企業、ブランドのファンになっていきます。ファンの本音感のある投稿やコミュニケーションによって認知が広がり、ファンがファンを連れてくる。こうした状態が、Instagramにおけるファンマーケティングの理想的な形であり、本書でもっともお伝えしたい考え方となります。

04

現代の消費者の行動モデル「1《ワン》I《アイ》4《フォー》A《エー》」

近年、個人情報保護の背景から「Cookie」の規制が強化されています。その結果、広告を使って消費者にリーチして物を売るということが難しくなってきています。Cookieとは、トラッキング（デジタル上での人の行動などの追跡を行うこと）に用いられる技術の1つです。ウェブサイトに訪れたユーザーの情報をユーザーのブラウザに一時的に保存することによって、行動の追跡を行います。

例えば、あるECサイトで買い物をしようとしたけれど、用事をすませるために途中で離脱したとします。その後、別のサイトを閲覧していたところ、先ほど購入しなかった商品の広告が表示された、といった経験はないでしょうか？　これは、ECサイトでのユーザーの行動がCookieに記録されていることによって成り立っています。

ところが、こうしたウェブサイトにおけるユーザーの行動を追跡することがプライバシーの侵害につながるのではないか？　という見方が、近年、世界中で広がっているのです。日本でも、２０２２年４月に改正個人情報保護法が施行され、**Cookieなどの個人関連情報を第三者に提供し、個人情報の紐づけを行う場合は、本人の同意が必要になりました**。

Cookieを活用した代表的なウェブ広告に、「リターゲティング広告」があります。リターゲティング広告は、一度ウェブサイトを訪問したユーザーに対して広告を配信する、追跡型の広告です。**現在リターゲティング広告が制限され始めており、すでに利用できなくなっているブラウザもあります**。こうしたCookie規制に対して、媒体各社がさまざまな対策を行ってはいるものの、ターゲティングの精度は確実に落ちています。そして、個人特定型の広告の世界に戻ることは二度とないでしょう。

Cookie規制によって、今後、個人に焦点を当てた広告が難しくなります。追跡して再来訪を促す一方的な広告ではなく、**ペルソナを想定したコンテンツ発信を行い、消費者から能**

動的に選ばれる仕組みを作っていくことが大切になってくるでしょう。その他にも、Meta社のFacebookおよびInstagramで18歳未満を対象とした広告が制限されるなど、ソーシャルメディアを含むインターネット広告をマーケティング活動に取り入れている企業にとっては、影響が大きいニュースが続いている現状があります。

そもそもInstagramなどの**ソーシャルメディアは、コミュニケーションによってファン作りをするツールであり、広告宣伝ツールではありません**。このような背景からも、広告はあくまで補助的に使うべきと言えるのです。

▼「発信する消費者」によって生まれる行動モデル

ここまでお伝えしてきたように、広告ではなく、自分の信頼する「発信する消費者」を通じて商品・サービスの存在を認識し、自分の好きなタイミングでInstagramを開く。そして、複数の「発信する消費者」からの情報を受け取ることで、その商品・サービスの情報に繰り返し接触する。その過程で、「自分に合うかどうか」「本当にほしいかどうか」を丁寧に検討し、自分を納得させていく。納得したら購入や来店に至り、そこでの体験をソーシャルメディアへの投稿やリアルのクチコミで他者と共有し、推奨する。**これが、「発信する消費者」によって生まれる行動モデルです**。そして、その中心・前提には、常にInstagramがあります。ウェブサイトの公式情報を参照する場合もありますが、それはあくまでも、Instagramからの情報を前提として、その詳細を確認するために参照する程度です。

こうした行動モデルをフレームワーク化すると、次のようになります。

❶Influencer：インフルエンサーからの発信

自分が信頼する「発信する消費者＝インフルエンサー」の投稿に触れる。

❷Aware：認知する

企業発信の広告やトップインフルエンサーによるCM色の強いPR投稿とは異なり、自分の信頼する「発信する消費者＝インフルエンサー」からの情報のため、投稿内容をしっかりと読み込み、ブランドを知る。その後、別の「発信する消費者＝インフルエンサー」から発信された同じブランドの情報に触れる。複数回同じブランドの情報に触れることで、ブランドに対する興味関心が湧いてくる。

❸ Agree：納得する

複数回情報に触れる中で、自分に合うブランドかどうか、時間やお金をかけるに値するものかどうか、などを丁寧に検討する。最終的に自分を納得させ、よさを認める。

❹ Action：購入する

自分の中で納得した後、ＥＣサイトを訪問したり、店舗へ来店したりして、購買行動を起こす。

❺ Advocate：推奨する

商品の購入によって得られた体験を、Instagramなどのソーシャルメディアへの投稿やリアルのクチコミで他者と共有し、推奨する。そして、この「推奨＝発信する消費者による投稿」によって、別のユーザーにとっての❶が始まり、また❶〜❺が回り始める。

これが、**「1I4A（ワンアイフォーエー）」**と呼んでいる、筆者オリジナルのフレームワークです。今は、フォロワー数が多くなくても人の消費行動に影響を与えられる、誰もが無自覚にインフルエンサーになっている時代です。ユーザーの消費者心理は「1I4A」の流れで動いているということを理解した上で、Instagramの運用を行う必要があります。

例えば、皆さんがあるスニーカーを購入したとします。そのスニーカーの購入に至った流れを思い返してみると、フォローしているアカウントによる「このスニーカー、すごくかわいい」といった投稿を見たのが最初でした。これが、そのスニーカーの情報にはじめて触れたタイミングなので、「❶Influencer」となります。

その後、職場の同僚が「最近、気になっていたスニーカーを買った」という内容の投稿をしていました。これが「❷Aware」です。ここでそのスニーカーの存在を完全に認知し、「このスニーカーかわいいかも」と興味を持ちます。その後、別のインフルエンサーや近しい存在のユーザーが発信している同じような内容の投稿を目にしたり、自分でもInstagram内で調べてUGCを閲覧したりする中で、「みんな持っているし流行っているんだな」「これくらいの値段なら今月の給料日に買おうかな」などと自分を納得させていきます。これが「❸Agree」です。

そして、商品に納得をしたタイミングで、ついに購入に至ります。これが「❹Action」です。商品の購入後、開封する様子や実際に履いている姿などを投稿（UGC）し、他者へ推奨します。これが最後の「❺Advocate」です。そのUGCを、また別のユーザーが閲覧し、同じルートを辿って「1I4A」が繰り返されていきます。**企業側が作り込んだコンテンツとUGCの間にちがいはなく、どちらも同じ占有面積で表示されるInstagram内の1つのコンテンツにすぎません。Instagramでブランドイメージを作っていくには、UGCの力をいかに借りるか？という意識を持つことが必要**なのです。

1I4A（ワンアイフォーエー）

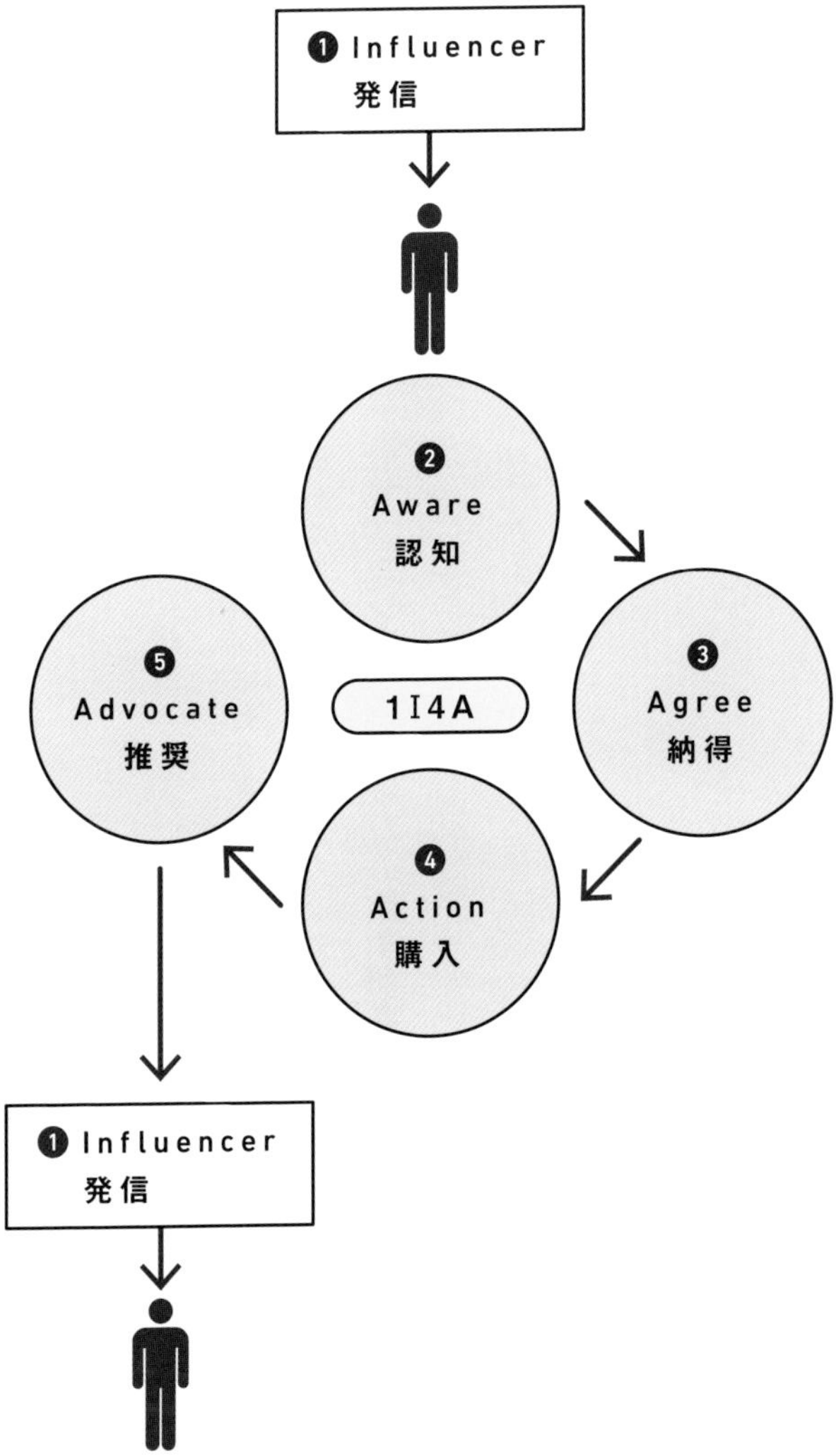

05 コミュニケーションを強化する「6つの手法」

現在、Instagram のユーザー数は増加傾向にあります。しかし、人が興味を持つジャンルの幅や、一度に閲覧できる情報の量が増えたわけではありません。そのため、**同じような投稿が消化されることなく溢れており、コンテンツどうしの競争が激化しています**。このような Instagram 内でのコンテンツが飽和してしまっている現状では、純粋なコンテンツの力だけで勝負することが難しくなっています。その現状に気がついたアカウントが実践し始めているのが、ユーザー・フォロワーとのコミュニケーションの強化です。

「ユーザー・フォロワーとのコミュニケーションの強化」といっても、難しいことではありません。自分のアカウントについたコメントに対していいねやコメントをするなど、ユーザーのリアクションに対してしっかりと反応をしていくといった、地道な活動を意味しています。現実世界に置き換えると、話しかけられたら無視をせず答える、自分のことを褒めてくれていたらお礼を言うなど、人として当たり前のことにすぎません。**Instagramは、企業の人間的な側面を表現する場です。人間的な側面には、「完璧さ」ではなく、ユーザーに「共感してもらえる」要素が必要**です。そのため企業側の担当者は、「発信する消費者」を含めたユーザーと対等な目線・立場でコミュニケーションを図ることによって、「ファン」の割合を増やしていく必要があると言えます。

企業アカウントにおいて、**コメントやDMなど自社のアカウントに届いたものに対して返信していくことを「パッシブサポート」**と言います。一方、自社の商品についての投稿を見つけてコメントしたり、ストーリーズでシェアしたりといった形で、**UGCを拾い上げて反応していく手法を「アクティブサポート」**と言います。従来、ソーシャルメディアにおけるコミュニケーションは、パッシブサポートが主流でした。しかし、近年はアクティブサポートに力を入れる企業アカウントが増えています。コンテンツが溢れている今、**他社との差別化を図るための方法として、アクティブサポートの重要性が増している**のです。

▼パッシブサポートのコミュニケーション手法

ソーシャルメディア上のコミュニケーションを強化していくことの必要性を理解していただいたところで、Instagramにおける6種類のコミュニケーション手法をご紹介します。最初に、パッシブサポートの手法について解説します。

●パッシブサポートの手法

❶自分の投稿についたコメントに対して返信やいいねをする
❷自分のアカウントに届くDMに対して返信をする

❶は、例えば自社アカウントの「新商品が発売になります」という内容の投稿に「絶対買います！」といったコメントがユーザーから入る場合です。もちろん無視はせず、コメントに対していいねをした上で「ありがとうございます！ぜひご使用いただいた感想を＃◯◯を付けて投稿で教えていただけると嬉しいです！」といった具合に返信します。ポイントとしては、**UGCを投稿してもらえるように促す**という点と、**ユーザー側ではなく、必ずこち**

ら側で会話が終わるように意識するという点です。定型文で返信したり、過度な宣伝を入れたりせず、せっかくのユーザーと会話できるチャンスを生かし、よい印象を持ってもらえるように対応しましょう。

❷は、先ほどご紹介したコメントと同じような内容がDMに届く場合です。その場合も、❶と同じスタンスで返信を行います。BtoCビジネスの場合、クレームのような内容のDMが届く場合もあるかと思います。その際も無視はせず、丁重に謝罪をしながら、DM内でやり取りを続けるのではなく、クレーム内容に合わせた専用窓口を案内するという形が一般的かつ無難です。企業の場合、クレームに対する自社内での対応マニュアルがある場合も多いと思いますので、それに従って対応してください。

このように、「パッシブサポート」は「来たものに対して無視せず返信をする」という従来型の手法と言えます。対応するのが当たり前と考え、オンライン上でも相手が人であるということを忘れず、しっかり対応しましょう。

▼アクティブサポートのコミュニケーション手法

次に、アクティブサポートの手法について解説します。

●アクティブサポートの手法

❸自分のアカウント以外から発信された自社の商品やサービスに関する投稿（UGC）に対して、コメントやいいねをする

❹自分のアカウント以外から発信された自社の商品やサービスに関する投稿（UGC）をシェアしたり、自分のアカウントの投稿コンテンツとして取り上げる

❸は、例えば自社のアカウントをタグ付けしてくれたり、商品名など自社のハッシュタグで投稿をしてくれているユーザーの投稿（UGC）がある場合、「ありがとうございます」と感謝のコメントを残したり、その投稿にいいねを行います。

❹は、例えばそのUGCをストーリーズでシェアして、自社アカウントのフォロワーに共

有したり、そのUGCが自社のアカウントの世界観と合う画像や動画の場合は、投稿元のユーザーに直接許諾を取って、その素材をフィード投稿の1コンテンツとして使わせてもらったりする、ということです。

これらのUGCは、何もしなければ見つけることはできません。検索を行うなど、ルーティーンワークとして、積極的に探し続ける必要があります。

アクティブサポートは、実施できていない企業アカウントがほとんどです。そのため、**「この企業はリアクションをくれないけど、この企業はリアクションをくれる」といった形で、ユーザーに他社と比べて好印象を持ってもらえる可能性があります**。そのため、実施するなら今がチャンスとも言えます。

▼コミュニケーションベースのコンテンツ

最後に、コミュニケーションベースのコンテンツについて解説します。コミュニケーションベースのコンテンツとは、「発信して終わり」という従来型の一方的なコンテンツではなく、ユーザー側から反応をもらうことで完成する、双方向型のコンテンツのことを指します。例えばストーリーズのアンケートスタンプは、ユーザーがスタンプ内のどちらかを押して回答してもらえなければ成り立ちませんし、ライブ配信も、誰も見ておらず、誰からもコメントがないようであれば成立しません。そのようなユーザーとのコミュニケーションが土台にあるコンテンツのことです。

●コミュニケーションベースのコンテンツ投稿

❺ストーリーズのインタラクティブ機能を使い、ユーザーから反応を求める形のコンテンツを発信する

❻定期的にライブ配信を実施し、リアルタイムで会話をする

❺は、例えばストーリーズ内で、アンケートスタンプやクイズスタンプ、質問スタンプなど、一方的な発信ではなく、ユーザーからの反応を期待したコンテンツを発信することを指しています。**ユーザーからの反応は、集めて終わりではなく、その結果をきちんとシェアします。「そこまでやって1つのコンテンツ」という認識を持つ**ようにしてください。

❻は、例えばライブ配信中についたコメントに対して、コメントをくれたユーザーの名前を呼びかけながら、1つずつ言葉で反応して返していくことを指しています。配信者側は直接的な呼びかけで、ユーザー側はコメント欄のテキストで、リアルタイムに会話を行います。

まとめると、**一方的かつ広告的な発信ではなく、見る相手があってはじめて機能するこのようなコンテンツを基本にしながらアカウントを運用できると理想的**と言えます。「競合のあの会社がやっていないから、うちもやらなくていいかな」といった考え方ではいけません。発信する消費者は、企業とのコミュニケーションを求めているからこそ発信をしています。現代のInstagramでは、このような手法で発信する消費者とのコミュニケーションを強化していくことが必要なのです。

06 コミュニケーションは「対等な目線」が重要

ユーザーとの間でコミュニケーションを取るときのスタンスとして、**コンテンツ提供側とそれを受け取る側という上下の構図ではなく、「ユーザー・フォロワーと対等な目線でコミュニケーションを取る」という考え方が重要**です。

例えばアパレル系のアカウントの場合に、フォロワーから

「このシャツ、ブラックはないですか？　あれば即買います！」

というコメントが入ったとします。皆さんなら、どう返信されるでしょうか？

これまでの一般的な企業やお店であれば、そもそも返信をしない、あるいは

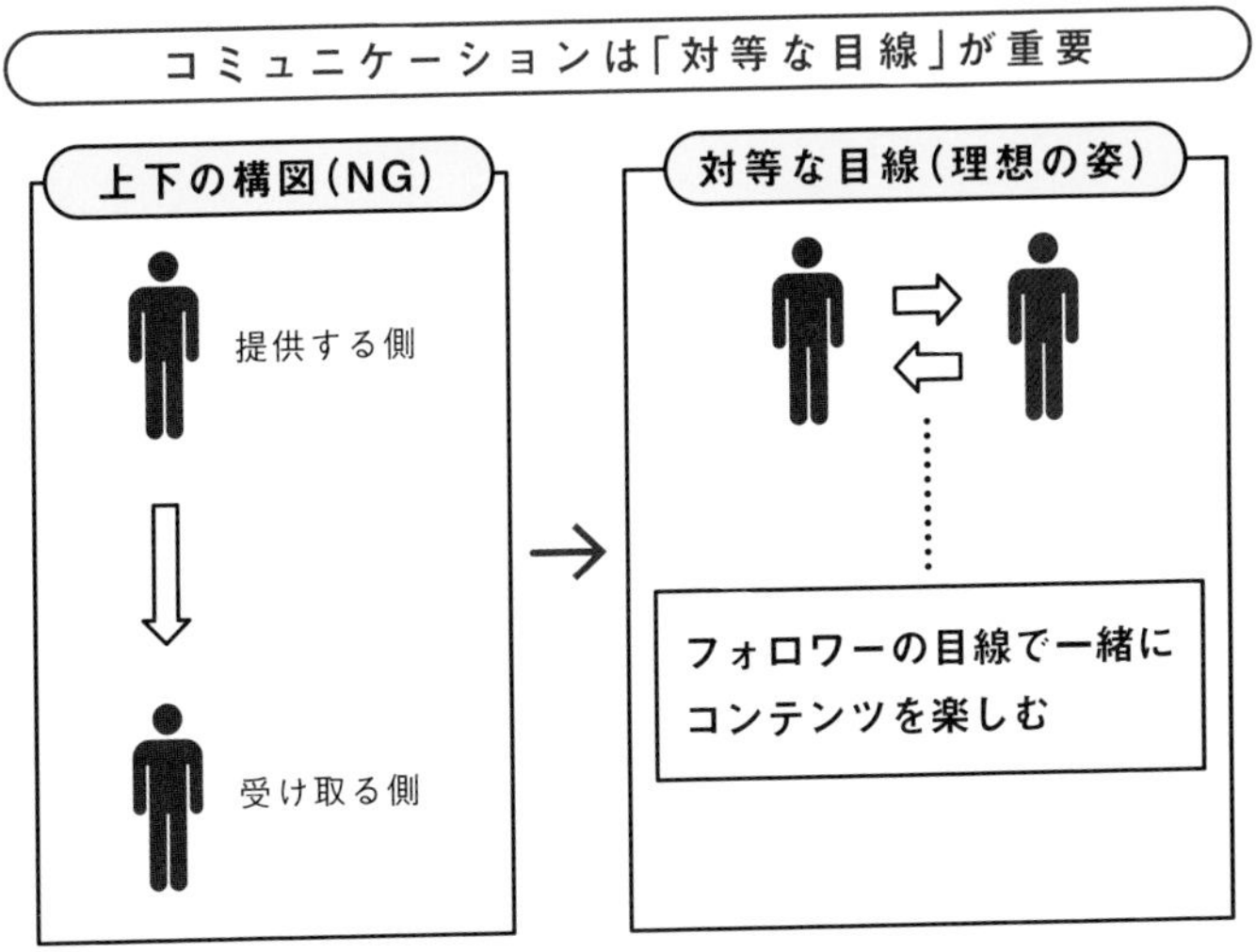

「申し訳ございません。こちらの商品はホワイトとブルーのみの展開となっております。」

といった機械的かつネガティブ寄りの回答になるかと思います。しかし、「対等な目線でのコミュニケーション」という観点で、これはNGです。それでは、どうすればよいのでしょうか？　例えば、

「コメントをいただき、ありがとうございます。この商品は、ホワイトとブルーの二色展開ですが、たしかにブラックがあれば、とてもよさそうです…！社内の担当者に確認してみます。」

とまずは返信し、実際に確認したところブラックは製造されておらず、しかも海外からの輸入品だったという場合、

「社内に確認したところ、この商品は海外から取り寄せているのですが、ブラックは製造されていないようでした。当社は製造自体には関わっていないため、どうかこのシャツの製造に関わった方にこの投稿が届きますように…。」

といった形でまとめるのはどうでしょうか。このような回答であれば、上下の構図ではなく、対等な目線でのコミュニケーションになっているかと思います。**フォロワーの目線で、一緒になってコンテンツを楽しむ形での対応がベスト**です。

もう少し付け加えるなら、このような返信内容の中に、

「違う商品にはなりますが、こちらのシャツであればブラックもございますので、ぜひ一度

ご覧になってください！」

といった形で、相手のことを考えた自然な提案が盛り込めると、「こうやって丁寧かつ素直に対応してくれる方がオススメしてくれるなら買ってみようかな」という形で、直接的に売上へとつながる可能性もあります。

▼コミュニケーション強化の注意点

ただし、ユーザーからのすべてのリアクションに返信すればよいというわけではありません。例えば、特定の個人を攻撃するような過激なコメント、フィッシングサイトへの誘導が目的のメッセージ、なりすましアカウントからのコメント、プラットフォーム側の利用規約に反する内容など、**反応することが明らかに適切ではないと判断できるものについては、都度個別に判断**し、「不適切なものは削除する」という選択肢も検討しつつ、対応を行ってください。

ただし、中には判断が難しいものもあると思います。例えば、悪意なく他人のプライバシーを侵害する可能性のある内容をコメントしていたり、一般には浸透していない隠語や専門用語でコメントされたりするなど、どう返信すればよいのかわからないコメントもあります。

こうしたコメントに対しては、「返信しない」という選択肢も持っておくようにしましょう。「すべてに返信しなくてはいけない」と自分を追い込みすぎると、運用自体に疲弊してしまいます。中の人のモチベーションが下がるとユーザーにも伝わってしまうので、注意が必要です。

コミュニケーションの領域は、ユーザーによってニュアンスが微妙に異なります。そのため、なかなか「この場合はこうする」と、**一律にマニュアル化できる性質のものではありません。テンプレート化されていない「都度の判断」が、手間はかかる分、「企業の人間らしさ」を表現できる部分であり、他社との差別化になるポイントであるとも言える**でしょう。

ユーザーの立場から考えると、コメントなどの反応をしたときに、**発信者側から返信をもらえると、確実に記憶に残ります。記憶に残るということは、ニーズが顕在化したときに思い出してもらえる可能性が高まる**ということです。売上や集客などＫＧＩとして設定している目標に、大きく近づくわけです。このとき、マニュアル化された機械的な対応を行ってしまっては台無しです。**1件ずつ人が対応することからくる人間味が、ユーザー・フォロワーをファンへと導きます**。

ソーシャルメディアが日本に浸透して、10年以上が経ちました。ソーシャルメディアは一方的な宣伝ツールではなく、コミュニケーションツールです。その原点に一度立ち返って、オンライン上での人との交流を楽しみながら、Instagram 運用を行ってください。そのスタンスが必ず Instagram 上での成果へと結びつくはずです。

07

「UGC」を制するものがInstagramを制する

Instagramのコミュニケーション手法の中でもっとも重要なのは、UGCを活用したコミュニケーションです。例えば、自社商品を購入してくれた人が、その商品を使った感想をソーシャルメディアに投稿したとします。これが、その企業にとっての「UGC」になります。そして、このUGCに対して「お買い上げありがとうございました」とコメントをしたり、フィードやストーリーズでシェアしたりすることが、「アクティブサポート」になります。

例えば、その企業やブランドのファンが日本に100人いて、それぞれに強いつながりを持つ家族や友人が10人ずついるとします。元の100人が本音で投稿したUGCが10人に届くとすると、一気に1000人への強いリーチを獲得できるということになります。また、その1000人がそれぞれUGCを投稿し、さらに10人ずつに深く届くとすると、一気に1万人にリーチすることになります。このリーチは、企業の一方的な広告ではなく、家族や友人からの言葉なので、強い影響力をもって伝わります。その結果、購買行動に影響する可能性が高まることになります。このような状態を作っていくことができるのが、Instagramなのです。

本書でもっとも伝えたい内容の1つに、「フォロワー数は重要ではない」ということがあります。筆者が支援しているアカウントの中にも、数千程度のフォロワー数でもマネタイズできているアカウントが複数あります。フォロワー数も大切な指標の1つではありますが、今は**UGCの数と、そのUGCをどれだけアカウント運用に活用できているかが重要**なのです。

▼UGCをゼロベースで作っていく

そのUGCが「今はまったくない」という場合、これから作っていく必要があります。そこで、ＵＧＣのゼロイチ部分を担うのが、前述のフォトコンテストです（１９８ページ）。これを実施できれば、日々の投稿や実店舗などで地道にＵＧＣ募集の告知をしたりするよりも、比較的短期間でＵＧＣを集めることができます。ところが、フォトコンテストで集めたＵＧＣや、すでに集まっているＵＧＣを放置して活用していない企業が圧倒的に多いのが現状です。この状態はとてももったいないと言えます。それでは、どうやって活用していけばよいのか？　アクティブサポートの延長線上の対応として、ここで事例をお伝えします。

１つは、主にフォトコンテストの開催期間中（フォトコンテストを実施していない場合はそれ以外でもＯＫ）、実際に投稿されているＵＧＣをストーリーズで紹介することです。フォトコンテスト開催期間中にそれを行うのは、フォトコンテストが盛り上がっていることをフォロワーに周知することが目的です。期間中、例えば毎営業日に「ご応募ありがとうございます！」といった端的なコメントを付けてストーリーズでシェアしていく形がおすすめです。それにより、まだフォトコンテストに参加していないフォロワーに「今やっているフォトコンテストって盛り上がっているんだな」と認識してもらえるため、フォトコンテス

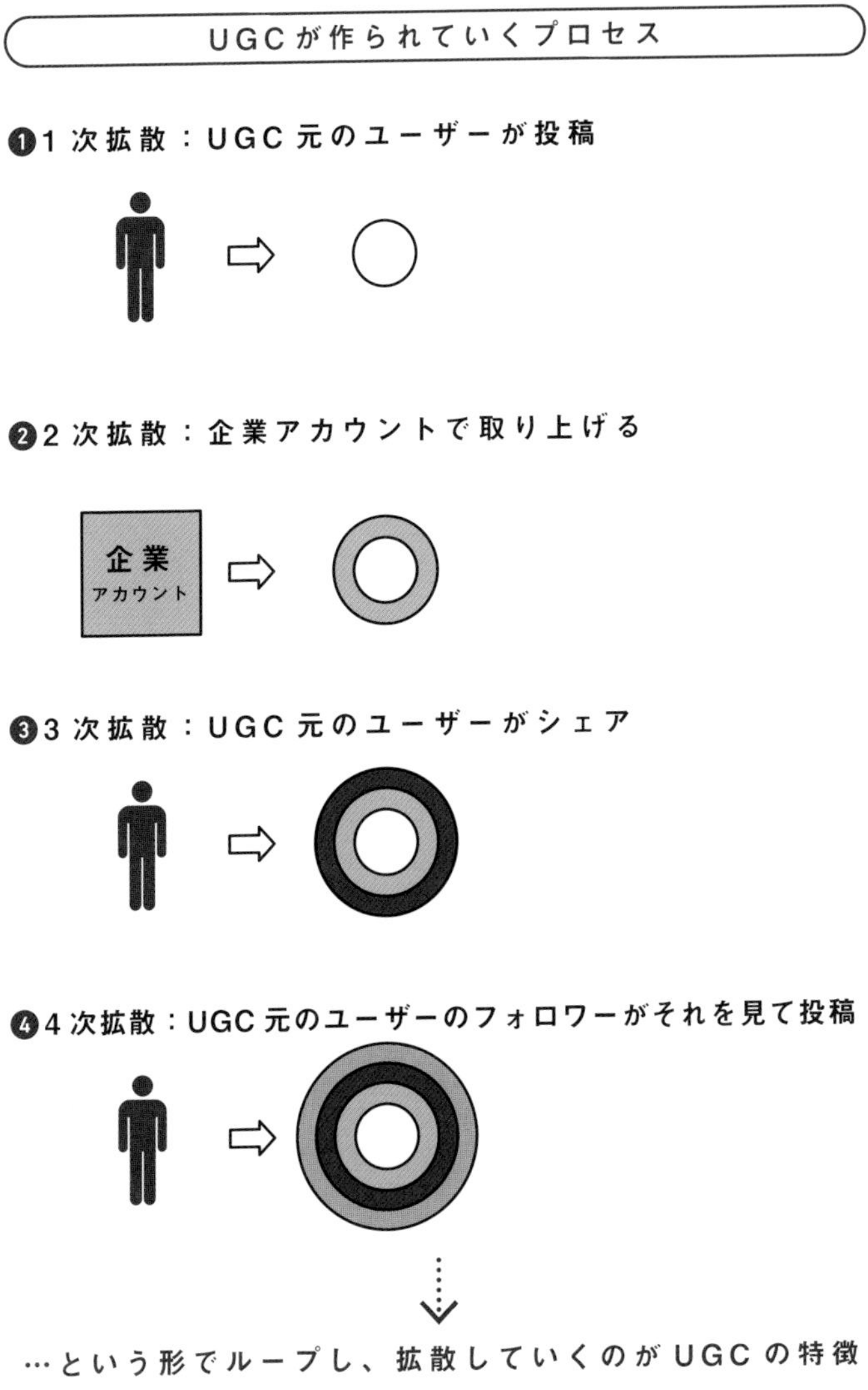
UGCが作られていくプロセス
❶1次拡散：UGC元のユーザーが投稿
❷2次拡散：企業アカウントで取り上げる
企業
アカウント
❸3次拡散：UGC元のユーザーがシェア
❹4次拡散：UGC元のユーザーのフォロワーがそれを見て投稿
…という形でループし、拡散していくのがUGCの特徴

トの応募者数アップ＝UGC数アップの施策として効果的です。

もう1つは、ストーリーズではなくフィードで紹介することです。ストーリーズと異なり、フィードはプロフィールページに残り続けるため、アカウントの世界観に合う写真なのかどうかに注意して、慎重に選ぶ必要があります。アカウントの世界観に合う投稿を選ぶことができれば、アカウントの質も上がります。

フォトコンテストの場合、写真を投稿してくれたユーザーの中から選考で当選者をピックアップし、連絡することになります。その当選者への連絡の際、ついでに掲載の許可も取り、メンションした上で投稿する、という手法は一石二鳥（当選連絡とUGCの許可取りを同時にできる）でおすすめです。きちんと投稿前に許可を取ることで、ユーザーとクローズドな空間でコミュニケーションでき、その企業に対してポジティブな印象をユーザーに持ってもらうこともできます。

このような形で企業アカウント内でUGCを活用することで、UGCの投稿を行ったユーザーに喜んでもらい、「取り上げられました」と再度ストーリーズでシェアしてくれるようなパターンも多く、UGC活用の意図として、そこからの拡散を狙う側面も大きいと言えます。

▼UGCが「1-4A」を加速させる

ソーシャルメディアの性質として、同じ属性のユーザーが集まる傾向にあります。例えば、カメラが趣味のユーザーのアカウントには、同じくカメラが趣味のユーザーがフォロワーとして集まっている、といった状態です。そのため、**「自分と同じ属性のユーザーが投稿しているもの」という信頼性の高いポジションを取れるUGCは非常に優秀な口コミ効果があり、同じリーチでも広告でのリーチとは質が異なる、深いリーチが可能**なのです。もちろん、広告費のような費用がかかっていない点も、UGCのメリットと言えます。

また、筆者が支援しているクライアントの分析データでは、UGCの数とECサイトのアクセス数の間に強い相関性を見ることができました。「UGC投稿が増えるとECサイトのアクセス数も伸びる」という、「UGC投稿を見たユーザーが検索し、ECサイトにアクセスしている」という行動を裏付ける結果が出ているのです。

UGCの考え方を「1I4A」に当てはめると、UGCは、インフルエンサー（発信する消費者）の「推奨」（Advocate）に該当します。また別のユーザーから見ると「インフルエンサーからの発信」（Influencer）に該当することになります。そのため、**UGCの数を増やすことができれば、各地で同時多発的に「1I4A」が回り始め、「1I4A」を加速させることができる**のです。UGCの数を増やすためにも、企業アカウント側のアクティブサポートによって、漏れなくUGCを取り上げていきましょう。

また、**UGCを介したコミュニケーションによってファンと企業との関係性が深まり、ニーズ顕在化時に一番に思い出してもらえることで、ファンがファンを連れてくる**、ファンマーケティングにおける理想的な状態にも近づいていきます。

Instagramは、そもそも検索ツールとして使われていること、投稿内容をさかのぼりやすい仕様になっていること、リアルの人間関係でフォローし合うことが多いなど、文化面や仕様面で、UGCが特に効果的に機能するソーシャルメディアとなっています。まだ現時点でUGCが発生していない企業やブランドでも諦めず、本書に記載の内容を参考に、まずは「どのようなUGCを、どうすれば生み出せるのか?」を考えてみてください。

第6章、いかがでしたでしょうか。本書内でもっとも伝えたい内容をこの章に記しました。本章でお伝えしている内容こそが、これからのInstagram運用に必要な思考法であり、「インスタ思考法2.0」の根幹部分になります。本書を読んでくださっている皆さん自身の中に必ず落とし込んでいただきたい内容です。一度で理解しきれなかった場合は、この章の内容については何度も読み返していただければと思います。

第7章

分析・改善の思考法

01

「広告の数値」はアカウントのパワーを反映していない

Instagramをはじめとするソーシャルメディアの運用は、最初に目標を設定して、それに向かって運用し、運用した内容を定期分析し、その分析結果に基づいて改善していく、という流れが正しい運用フローです。

ここまでに、目標設定や運用方法、その背景となる考え方についてはすでにお伝えしてきました。それでは、分析・改善はどのように行えばよいのでしょうか？　本書では、「フォロワーの数」ではなく、「ファンの質やコミュニケーションを大切にすることが重要」というメッセージを発し続けてきました。第7章では、このように明確に数値に表すことが難しい目標を立てた場合における、ファンマーケティングの分析やコミュニケーションの改善手法について解説していきます。

最初に、分析時の基本スタンスについてご紹介します。それは、**広告をかけていない純粋なアカウントのパワーで獲得した「オーガニックの数値」と、お金（広告費）をかけて獲得した「広告の数値」は、必ず分けて見る**、ということです。これは必ず徹底するようにしてください。

過去に筆者が見てきたアカウントの中には、このオーガニックと広告の数値を合わせた形で分析している企業もありました。しかし、広告で獲得した数値も含めて分析してしまうと、そのコンテンツが本当によかったのかどうかの正確な分析・判断ができません。

広告の場合、かける広告費が大きければ大きいほど、その分獲得できる数値も伸びることになります。そのため、費用の配分次第で数値を動かせてしまいます。**分析を行う際は純粋なアカウントのパワーで獲得したオーガニックの数値でユーザーからの素直な反応を把握することによって、コンテンツ制作のPDCAを回していくスタンスが必要**になるのです。

一方、広告として数値を確認し、ターゲティングの設定を広げた方がよいのか、配信面を絞った方がよいのか、クリエイティブをどう変更すればクリック率が上がるのかなど、広告軸での分析を別途行うことになります。

なお、投稿を広告として配信する手法（ポストアド）で広告をかけた場合、アプリインサイトの数値に広告の数値が反映されてしまうので注意が必要です。ポストアドを出稿した場合にオーガニックのみの数値を確認したいときは、外部のレポートツールの利用をおすすめします。多くのレポートツールがオーガニックのみの数値を吐き出せると思うので、その数値で分析を行ってください。

もしレポートツールでオーガニックのみの数値が出ない場合、簡易的な方法として**「広告込みの数値－広告で獲得した数値＝オーガニックのみの数値」**なので、ある程度の分析はそれでも可能です（広告込みの数値はアプリインサイトで確認可能で、広告で獲得した数値は広告マネージャで確認可能です）。

そもそも、**広告の出稿はアプリからではなく、細かな設定ができたり、広告のみの結果を確認できたりする「広告マネージャ」から出稿するべき**です。広告マネージャから出稿できている場合、広告結果は広告マネージャから確認することができます。

広告マネージャ

https://www.facebook.com/business/tools/ads-manager

以降でご紹介していく分析指標の計算式に必要な数値は、すべてインサイトから確認できます。実際にアカウントのインサイトを開いて、「自分の場合はどうだろう」と計算しながら読み進めていただけるとわかりやすいかと思います。

また、本章でご紹介している分析項目については、それぞれExcelなどでまとめておくと振り返る時に便利です。各ソーシャルメディアマーケティング会社が提供しているレポートツールを導入するのもよいでしょう。

02

投稿の分析指標①

「フィード表示率」

　ここからは、分析でもっとも重要な「投稿の分析」についてお伝えしていきます。Instagramは投稿というコンテンツをきっかけにコミュニケーションが始まっていくプラットフォームなので、投稿コンテンツを分析することは言うまでもなく重要です。

　最初にご紹介するのは、「フィード表示率」です。皆さんの中には、「Instagramで新規集客したい」「自分を知らない人に自分を知ってもらいたい」といった目的でInstagramを運用している方も多いと思います。こうした目的を達成するには、既存のフォロワー以外のユーザーに投稿を見てもらう必要があります。

　フォロワー以外のユーザーに見てもらうためには、主に以下のような状態を実現する必要があります。

・発見タブに掲載（レコメンド）される
・検索時に上位表示される

これらのどちらにも必要なのが、Instagram側に「このアカウントは質の高いアカウントだ」「この投稿は多くのユーザーにリーチさせるべきものだ」と認識されることです。

そのためには、保存などのエンゲージメントの量はもちろんのこと、**「エンゲージメントがつく速度」が重要**と言われています。当然、初見の新規ユーザーよりも、フォロワーの方が自分の投稿に興味を持ってくれる可能性が高く、またすでにフォローしているわけですから、投稿後すぐにエンゲージメントされる可能性が高いです。

そのため、**「フォロワーのフィードに自分の投稿がどれくらい表示されているのか」を把握し、それを上げていく動きをすることが、フォロワー以外のユーザーに自分のコンテンツを届けるためには必要**、ということになります。

この「フォロワーのフィードに自分の投稿がどれくらい表示されているのか」を表した数字が、「フィード表示率」です。**「フィード表示率」とはフォロワーのフィードに自分の投稿が表示された割合のこと**を言い、一部では「ホーム率」とも呼ばれています。

「フィード表示率」の計算式は、次の通りです。

フィード表示率＝ホーム数÷フォロワー数

この式の「ホーム数」とは、インプレッションの内訳の1つで、ホーム（＝フィード）で閲覧された回数、すなわち、主にフォロワーに見られた数を意味しています。ここに広告で獲得した数値が混ざっていないか注意しましょう。

この「フィード表示率」は、月単位で把握しておきましょう。**月単位で平均を計算し、50％を超えていれば優秀**と言えます。月ごとにレポートを作成して分析するのは最低限必要として、投稿の翌日や翌々日（その投稿のオーガニックの数値がある程度落ち着く頃）にコンテンツごとにサッと計算して、「今回の投稿は前回よりフィード表示率が高かったな、なぜだろう」などと、日々の分析の癖がつけられるとよいと思います。

投稿インサイトのホーム数

Insights
コンテンツでのインタラクション --
プロフィールのアクティビティ 388
リーチ
57,548
リーチ済みのアカウントセンター内アカウント
インプレッション 75,700
ホーム 44,044
プロフィール 19,867
発見から 8,461
その他 3,320
コンテンツでのインタラクション --
「いいね！」の数 4,035
保存数 34
コメント数 26

▼フィード表示率の改善手法①ストーリーズを活用する

それでは、「フィード表示率」が基準である月平均50％に満たない場合はどうすればよいでしょうか？　まず検討したいのが、**ストーリーズの活用**です。

ストーリーズがユーザーに閲覧されると、Instagram側は「このユーザーはこのアカウントに興味があるんだな。それなら、フィード投稿も優先的に表示させてみよう」といった考え方で動いてくれるので、フィードに投稿が表示されやすくなる効果があります。さらに、そのストーリーズの中でスタンプを活用したコミュニケーションを取れていると、親密な関係と判断されやすいため、そのユーザーのフィードにより優先的に表示されやすくなります。

また、クリエイティブを工夫して、画像を複数枚に分けるなどしてストーリーズの滞在時間を伸ばしたり、フィード投稿をストーリーズにシェアしたりして、ストーリーズからフィード投稿に遷移してもらうといった手法も、自分のアカウント内での回遊率が上がって滞在時間が伸びるため効果的です。

ストーリーズは24時間で消えてしまうので、常に1つはコンテンツをアップしておき、上部のストーリーズ用フィードに自分のアイコンが表示されている状態を作っておけると理想的です。例えそのストーリーズの内容が閲覧されなくても、常にアイコンがあることによって既視感を得ることができます。それが企業やブランドへの安心感へとつながり、単純接触効果（ザイオンス効果：相手に何度も繰り返し接触することにより、徐々に好感度や評価などが高まっていくという効果）が得られます。

そのため、**ストーリーズは1日1回以上、投稿するようにしましょう**。

▼フィード表示率の改善手法②ライブ配信を活用する

「フィード表示率」を改善するには、**ライブ配信も効果的**です。ライブ配信は「今、リアルタイムで配信されている」というコンテンツ自体の魅力があるため、長時間閲覧してもらえる傾向にあります。そのため、自分のアカウントに対する滞在時間が延びることにつながります。第3章でお伝えした「投稿者の情報」という軸のシグナルを稼ぐことができ、「フィード表示率」にも貢献します。

ライブ配信が開始されると、ユーザーによっては通知が届いたり、ストーリーズ用フィードの一番左側に表示されたりすることから、フィード上で目立つことが可能です。リールと同様、Instagram内で優遇されている機能と言え、「利用してほしい」というプラットフォーム側の思いが垣間見えます。その証拠に、筆者が支援した事例の中には、ライブ配信直後のフィード投稿の「フィード表示率」が大きく伸びたという事例もあります。詳細なアルゴリズムは不明ですが、ライブ配信が「フィード表示率」によい影響を与えることは、ほぼまちがいありません。

また、ここまでにお伝えしてきているように、**現在は「憧れ」よりも「身近」や「共感」の時代**です。リアルタイムの配信は「近さ」を演出できる点も魅力的で、企業アカウントやインフルエンサーにとって活用しない手はないと言えます。

ストーリーズもライブ配信も、どちらも基本的にはフォロワーにしか表示されない機能です。しかし、これらを活用して「フィード表示率」を上げることによって、エンゲージメントの速度と量の確保につながり、間接的に発見タブなどへの表示可能性を高めていくことができます。フォロワー以外に露出されるアカウントを目指していきましょう。

03 投稿の分析指標②「保存率」

引き続き、投稿コンテンツに関する分析指標をご紹介します。2つ目の指標は、「保存率」です。

いいね、コメント、保存など複数あるエンゲージメントの中でも、特に「保存」はシグナルの貯まるポイントが高い（＝保存数が多いと質の高い投稿と判断されやすい）とされています。ユーザーがコンテンツを保存するときというのは、そのコンテンツを「また見返したい」と思うときです。Instagram 運用を成功させるには、この「保存」を重視したコンテンツ作りが必要ということになります。

コンテンツが「また見返したい」と思われるものになっているかどうかを測るためには、

「そのコンテンツを見たユーザーの何%が保存に至ったのか」を把握しておく必要があります。それが「保存率」です。

投稿インサイトの保存数

「保存率」の計算式は、次の通りです。

保存率＝保存数÷リーチ数

「フィード表示率」と同じく、「保存率」もまた、月単位で把握しておくようにしましょう。数値が高ければ高いほどよいものの、**月単位で各投稿の平均を計算して2％を超えていれば合格ライン**と言えます。

「フィード表示率」と同様、オーガニックでの伸びが落ち着く、投稿の翌日・翌々日あたりにコンテンツごとの保存率を毎回計算して分析ができると、「自分の保存数や保存率は、よいときは大体これくらいで、悪いときはこれくらいだな」という肌感覚が身についてきます。

そうすることで、月単位のレポートなどでの分析結果を待たず、得られた肌感覚をコンテンツ制作に活かすことで、スピード感のある簡易的なＰＤＣＡを回すことができるようになります。

▼保存率の改善手法①見返したくなるコンテンツを作る

それでは、「保存率」の月平均が2％以下の場合は、どのような改善を行えばよいでしょうか？　ここでは、大きく3種類の改善手法をご紹介します。最初は、**後で何度も見返したくなる、またはコレクションしたくなるクリエイティブかどうか？**です。ユーザーにとって、フィードやリール投稿の内容が、そもそも後で何度も見返したくなる、もしくはコレクションしたくなる内容なのかどうかは、当たり前のことですが、非常に重要です。

具体的には、ユーザーの「役に立つ」「勉強になる」「綺麗」「行きたい」「欲しい」「嬉しい」などの感情に触れられるのが、保存されやすい投稿であると言えます。

内容によっては、1枚の写真ではなくカルーセル投稿にしたり、動画の方が伝わりやすい場合はリールにしたり、キャプションは長文すぎず端的にわかりやすくまとめ、長文になる場合は装飾して読みやすくしたり、位置情報を付けるなどの基本的なことを忘れずに行いましょう。

▼保存率の改善手法②ＣＴＡを強化する

２つ目の改善手法は、ＣＴＡの強化です。ＣＴＡを強化するには、**投稿の中で明確に「保存してほしい」「こう思ったら保存すべき」といった形で保存を促すことが重要**です。キャプション欄に明記したり、カルーセル投稿の場合は最後にＣＴＡ画像を設置して保存ボタンのタップを促したり、といった施策を行います。

Instagramの保存機能を使いこなしていないユーザーも多いので、「今度やってみようと思ったら保存！あとで見返すときに便利！」といった形で言われると、都度検索せずに見返すことのできる保存の便利さに気づいてもらうことができます。投稿の中で、積極的に保存を呼びかけましょう。

▼保存率の改善手法③定期的に投稿する

3つ目の改善手法は、定期的な投稿です。皆さんは、フィード投稿もしくはリール投稿を、週に1回以上投稿しているでしょうか？　数週間など、あまりにも投稿間隔が空きすぎてしまうと、そのアカウントに対するユーザーの興味が薄れてしまいます。また、その間に競合アカウントに興味を持たれてしまい、競合アカウントにエンゲージメントを持っていかれる可能性もあります。

そうなってしまうと、競合アカウントの投稿の方がアルゴリズム面で優遇され、そのユーザーのフィードで優先表示されてしまうことにつながります。その結果、投稿してもユーザーのフィードに自分の投稿が表示されず気づいてもらえない（リーチが伸びない）ので、投稿の保存数も伸びないことになります。そのため、**フィード投稿もしくはリール投稿の投稿回数は、最大1日1回、最低でも週に1回を目指して運用するようにしてください。**

筆者は過去300社以上の企業アカウントの運用に携わってきましたが、**ストーリーズを除くフィード投稿およびリール投稿の週の投稿回数の平均を取ると、「週2回」という結果になりました**。特に日本企業のソーシャルメディア運用の担当者は、他の広報系の業務やマーケティング系の業務と兼務している場合が多いのが現状です。コンテンツの質を維持しながら投稿作成を行う場合、それくらいの回数が限界なのかもしれません。

しかし、兼務の状態であっても、1日1回を上限に、できるだけ多く投稿できるような運用体制を構築してください。また、片手間の運用ではなかなか成果につなげることが難しくなってきています。可能であればソーシャルメディア専任の担当者を用意するか、ソーシャルメディア専門の運用代行会社などの力も借りながら、よりアクティブに運用することをおすすめします。

04

投稿の分析指標③
「プロフィールアクセス率」

投稿コンテンツに関する最後の分析指標は、「プロフィールアクセス率」です。Instagramで「ユーザーがわざわざプロフィールにアクセスする」ということは、投稿コンテンツをきっかけに興味を引くことに成功し、「他のコンテンツも見てみたい」「この投稿を発信している人ってどんな人なんだろう」と、ポジティブな感情を持ってもらえていると考えられます。

そのため「プロフィールアクセス率」が多いアカウントはInstagram側に「ユーザーにとって有益な情報を発信しているアカウント」と判断され、アカウント自体の評価や、プロフィールに誘導できたコンテンツの評価が上がることにつながります。これは、第3章でお伝えした「投稿の情報」や「投稿者の情報」の値が増えるということを意味しています。

このことから、投稿したコンテンツをきっかけにどれだけアカウントに興味を持ってもらえたかを表す「プロフィールアクセス率」を分析し、高めていくことは、ユーザーをファン化させるという点で非常に重要な意味を持っています。「プロフィールアクセス率」の計算式は、次の通りです。

プロフィールアクセス率＝プロフィールアクセス数÷リーチ数

「プロフィールアクセス率」も、月単位で把握するようにしてください。**月単位で平均を計算し、2％以上を目指しましょう**。こちらも、月単位のレポートにまとめるのを待っているとタイムラグが大きいので、オーガニックの伸びが落ち着く投稿の翌日・翌々日頃に、都度コンテンツごとに計算して日々の分析ができると、すばやくPDCAが回すことができます。

投稿インサイトのプロフィールアクセス数

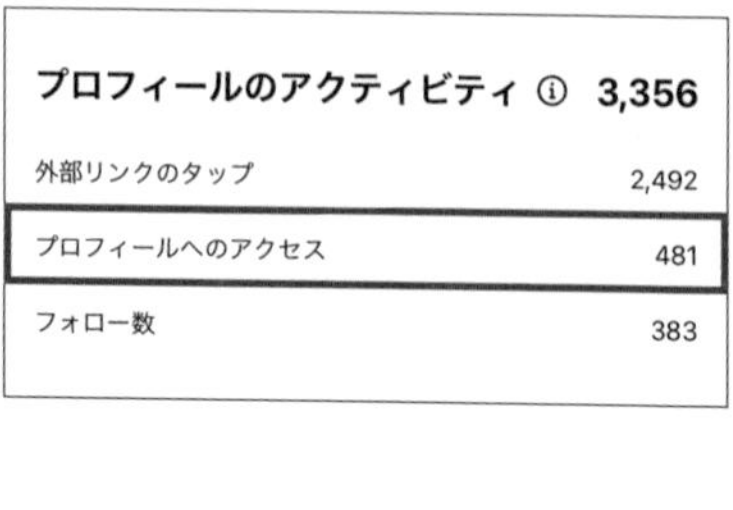

投稿インサイトのプロフィールアクセス数	
プロフィールのアクティビティ ①	**3,356**
外部リンクのタップ	2,492
プロフィールへのアクセス	481
フォロー数	383

●「プロフィールアクセス率」の改善手法

プロフィールアクセス率が２%に満たない場合の改善手法としては、**自分のアカウントをメンションする方法が効果的**です。フィード投稿の場合は、キャプション欄で自分をメンションしたり、カルーセル投稿の最後のCTA画像で画像の中に自分をタグ付けしたりして、プロフィールに誘導する方法があります。

CTA画像でフォロー誘導する例(kirin_beverage)

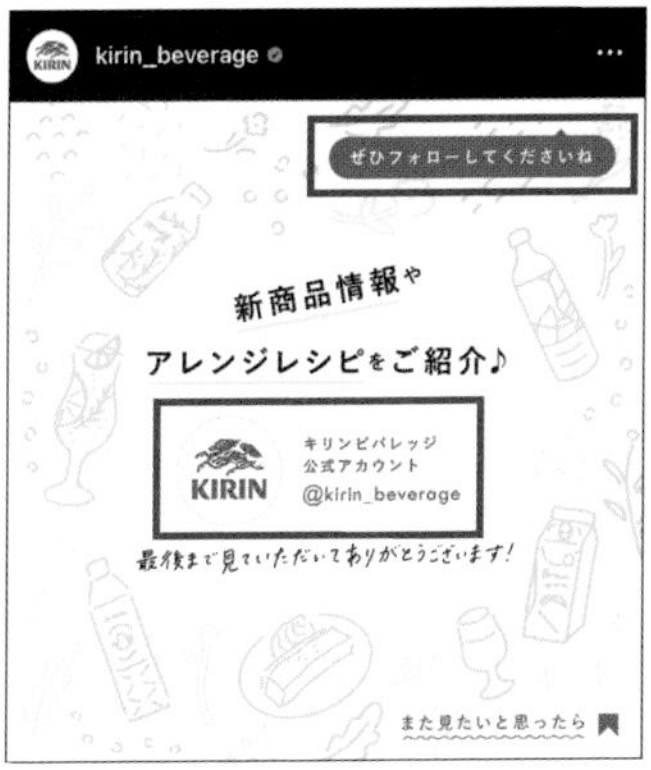

キャプションで自分をメンションする例(s_home_steelo)

ストーリーズの場合は、「アイコン+ユーザー名」の部分を指すクリエイティブにしたり、メンションスタンプを使って自分をメンションしたりすることによってプロフィールに誘導できます。

リールの場合は、フィード投稿と同じく、キャプション欄で自分をメンションするのが、よく使われる手法です。

リールのキャプションで自分をメンションする例（s_home_steelo）

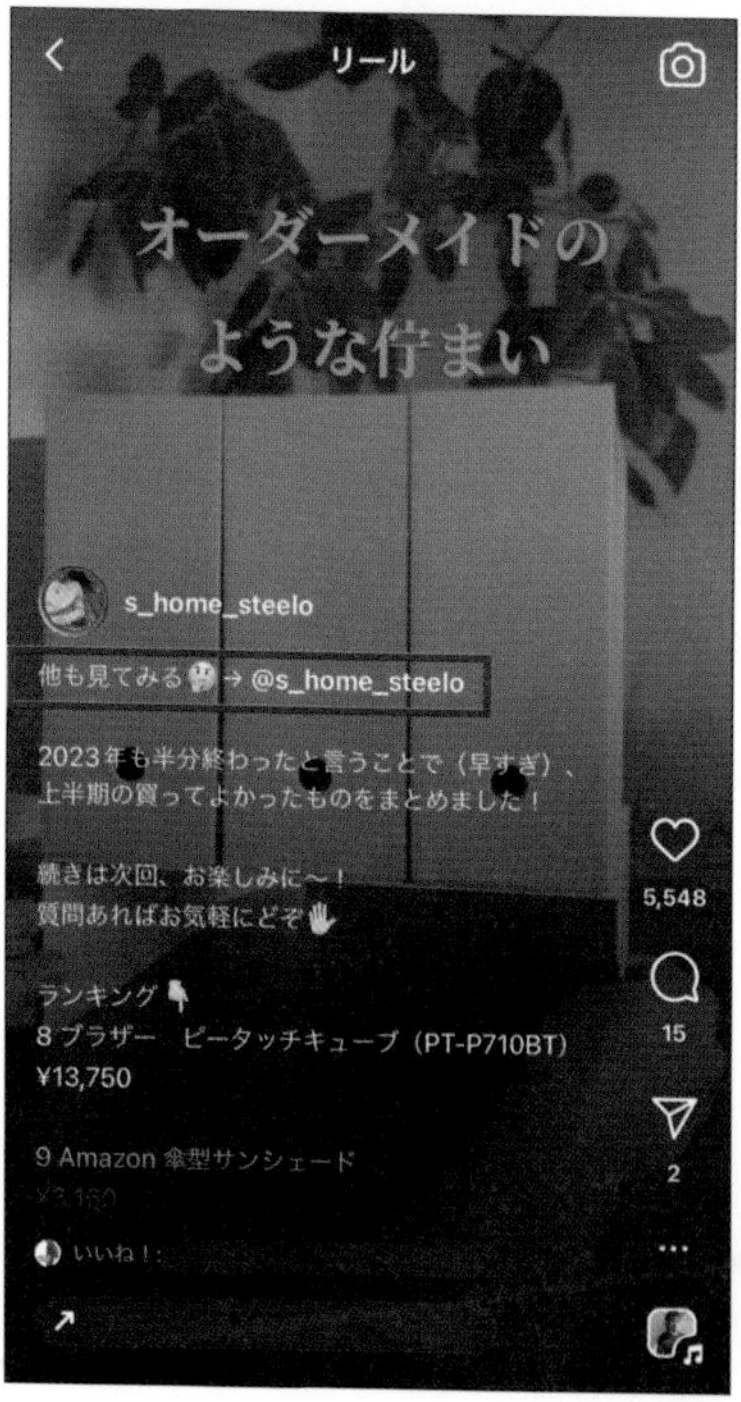

プロフィールに誘導する際のテキスト例を以下に挙げておきます。これらの例ではキャプション欄でプロフィールに誘導していますが、CTA画像での誘導時も同じような文言になると思います。このような形で、投稿内容やプロフィール設計に合わせたCTAを用意して、プロフィールに誘導しましょう。

プロフィールに誘導する際のテキスト例

社員募集に関するお知らせはこちら @rocinc_official
資料請求はプロフィール（@genxsho）のURLから
▼新刊情報はハイライトからチェック
@genxsho

05

プロフィールの分析指標
「フォロー率」「リンククリック率」

ここまでは、投稿の分析指標についてお伝えしてきました。Instagramは、基本的にコンテンツを介してコミュニケーションを行うプラットフォームです。そのため、投稿の分析が重要であることは言うまでもありません。しかし、そのコンテンツの集合体であるプロフィールページで自身のアカウントをどう表現するか、という点も同じくらい重要です。

Instagramでアカウントをフォローするには、基本的にプロフィールページの「フォローする」というボタンをタップする必要があります。コンテンツがよくても、プロフィールがよくなければフォローには至りません。そのため、投稿の分析と同じように、自分のプロフィールページを分析し、改善することが必要になります。

なお、リールのフィードや発見タブ経由でコンテンツを閲覧する場合、そのコンテンツ自体に「フォローする」ボタンが付いているため、そこからフォローを行うことも可能になっています（2023年12月現在）。ただし、1つのコンテンツだけを見てフォローに至るというのは、相当コンテンツがよくない限り難しいため、本書ではこのパターンは例外として捉えています。

▼フォロー率を分析する

それでは、プロフィールの分析指標について解説していきます。1つ目は、「フォロー率」です。これは、**プロフィールにアクセスしたユーザーのうちフォローに至った割合**です。ターゲットに響くプロフィール設計ができていれば、この数値が高くなります。

「フォロー率」の計算式は、次の通りです。

フォロー率＝フォロワー増加数÷プロフィールアクセス数

「フォロー率」は、**1ヶ月分のフォロワー増加数と、1ヶ月分のプロフィールアクセス数で計算**します。月単位の把握で問題ありません。**5%以上を目指してください。**

この「フォロー率」の計算に、「フォロー解除数（フォローをやめた数）」を考慮する必要はありません。ここでは純粋にプロフィールの良し悪しを計測するための指標としてお伝えしているので、それ以外の要素が含まれるフォロー解除数を含めてしまうと、成り立たなくなるからです。

1ヶ月の
プロフィールアクセス数

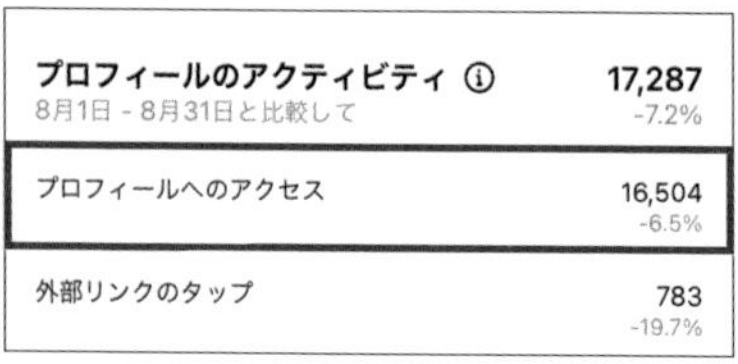

プロフィールのアクティビティ ⓘ	17,287
8月1日 - 8月31日と比較して	-7.2%
プロフィールへのアクセス	16,504
	-6.5%
外部リンクのタップ	783
	-19.7%

1ヶ月の
フォロワー増加数

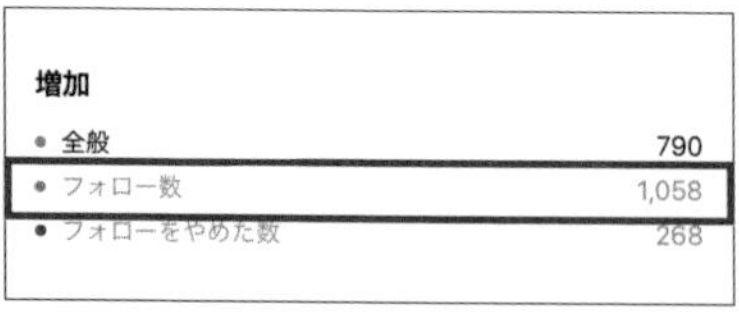

増加	
● 全般	790
● フォロー数	1,058
● フォローをやめた数	268

「フォロー率」が5％に満たない場合は、第2章などですでにお伝えしている、次のような手法で改善を図りましょう。

●アイコン、ユーザーネーム、名前の改善

アイコン、ユーザーネーム、名前が、ペルソナにとってわかりやすく、検索しやすいものになっているか確認し、改善しましょう。特に、名前やユーザーネームについては、正式名称も大切ですが、その正式名称で認識されていない企業や商品も世の中には多くあると思います。その場合、正式名称はプロフィール文の方に入れ、名前やユーザーネームは世間で認識されている呼び名で設定するのがよいでしょう。

●プロフィール文の改善

プロフィール文でユーザーインサイト（ユーザーの行動の背景にある心理や潜在意識）を刺激し、フォローすることで得られるベネフィット（恩恵）を表現できているか確認し、改善しましょう。

●ハイライトの改善

ハイライトのカバーデザインに統一性があり、プロフィールを訪れた際に最初に見てほしい情報を集約・設置できているか、定期的な更新（ストーリーズの追加）やハイライトの項目の見直しなど、生きた運用ができているか確認し、改善しましょう。

●投稿の表紙の改善

各コンテンツの表紙（1枚目の画像や動画のカバー）でアカウントの世界観を表現し、ペルソナを想定したコンセプトで一貫性のあるデザインと内容で投稿できているか確認し、改善しましょう。

▼リンククリック率を分析する

プロフィールには、投稿にリンクを貼れないInstagramでは貴重な、URLを設定してリンク誘導できる部分があります。プロフィール分析の2つ目の指標は、**このリンクをユーザーがどれだけタップしているか＝設定した外部リンクにどれだけ遷移しているかを示す**

「リンククリック率」です。「リンククリック率」の計算式は、次の通りです。

リンククリック率＝外部リンクタップ数÷プロフィールアクセス数

「リンククリック率」も月単位で計算し、**5％以上を目指しましょう**。

1ケ月のリンククリック数

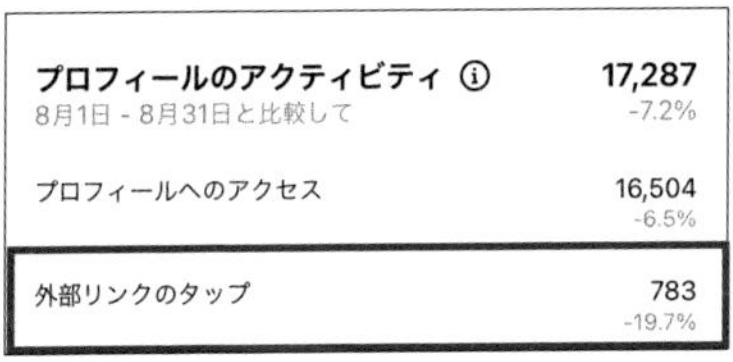

プロフィールのアクティビティ ①	17,287
8月1日 - 8月31日と比較して	-7.2%
プロフィールへのアクセス	16,504
	-6.5%
外部リンクのタップ	783
	-19.7%

ユーザーは、一定の興味・関心・ニーズがあってプロフィールに来ています。プロフィールの文章でリンク先の説明を行い、こうしたユーザーの興味を引くことで、リンク先のページへと誘導します。また、ECサイトを運営している企業であれば、ハイライトやフィードの固定投稿で「Instagram限定特典」といった形でユーザーインサイトを刺激し、そこからプロフィール内のURL（ECサイトへのリンク）のクリックを促す、といった手法も効果的です。その際は、宣伝色の出しすぎに注意が必要です。

「リンククリック率」が5%に満たない場合は、プロフィール文や各コンテンツのキャプション、CTA画像などからプロフィール内のリンクに誘導できているかどうか、今一度見直してみてください。「誘導はしている」という場合、その際の言葉選びやデザインなど誘導方法に問題があるはずなので、複数パターン作成し、実際の反応を見ながら検証していきましょう。

06

キャンペーンの分析指標「フォロワー獲得単価」「UGC獲得単価」

ここからは、キャンペーンの分析・改善についてお伝えします。ここで言うキャンペーンとは、「プレゼントキャンペーン」と「フォトコンテスト」を指します。どちらのキャンペーンでも、告知の投稿は行うはずです。その告知投稿の中で、ここまでにお伝えしてきた内容は、前提としてすべて実践するようにしてください。

その上で、「プレゼントキャンペーン」の場合は主にフォロワーの獲得を目的に行うことになり、多くの場合で広告をかけることにもなります。そのため、**キャンペーン開催にかけた広告媒体費を期間中の「フォロワー増加数」で割った「フォロワー獲得単価」を指標として分析することが多い**です。

「フォロワー獲得単価」の式は、次のようになります。「フォロワー増加数」にはキャンペーン以外の要因によって増えたフォロワー数も含まれますが、仕様上それを正確に区分することは難しいため、この方法で分析を行うことが一般的です。

フォロワー獲得単価＝広告媒体費÷フォロワー増加数

「フォロワー獲得単価」は、賞品の内容や当選者数などさまざまな要因によって変わってくるため、一概に平均いくらとお伝えすることは困難です。しかし、過去に大小のプレゼントキャンペーンを支援してきた経験上、プレゼントキャンペーンのフォロワー獲得単価は、**概ね30円〜３００円程度に収まることが多い**です。

一方、「フォトコンテスト」の場合は、UGCの獲得を目的としてキャンペーンを開催することになります。キャンペーンの開催にあたって、キャンペーン用のハッシュタグを用意することが多いため、**キャンペーン開催にかけた広告媒体費を期間中の「ハッシュタグでの**

投稿数」で割った「UGC獲得単価」を指標として分析することになります。その際、キャンペーン前から存在していたオリジナルのハッシュタグを使う場合は、キャンペーン期間以前の投稿を除外するようにします。

「UGC獲得単価」の式は、次のようになります。

UGC獲得単価＝広告媒体費÷UGC数

「UGC獲得単価」も、プレゼントキャンペーンと同様、賞品の内容や当選者の数などさまざまな要因によって大きく変わってくる部分なので、一概にいくらが平均とお伝えすることは困難です。しかし、過去に多くのフォトコンテストを支援させていただいた経験上、**おおよそ80円～600円程度になることが多い**と言えます。

▼獲得単価が高くなってしまう理由とは？

「フォロワー獲得単価」と「UGC獲得単価」が前述した単価以上になる場合、以下のような可能性が考えられます。

・キャンペーンの設計自体に問題があり、ユーザー側のアクションに対して、どのようなインセンティブがあるかがわかりにくい
・応募条件が多すぎる（応募条件は、いいね&フォロー or 投稿&フォローなど、2〜3個以内で設定するべき）
・画像やキャプションでの説明が伝わりづらい（規約を長文で記載してしまい、ユーザーが知りたい応募条件やインセンティブの詳細がわかりづらくなっているなど）
・賞品の内容が適切でない（投稿やフォローをしてでも「ほしい」と感じてもらえるものに設定するべき）
・当選者数が少なすぎる

キャンペーンの賞品については、高価なものほどインパクトが強く、応募者が集まりやすい傾向にあります。当選者の数は、1～2名など少なすぎると「どうせ当たらないだろう」と思われてしまい、集まりづらい傾向があります。賞品の単価にもよりますが、少なくとも3名以上は当選者を用意するべきでしょう。例えば、「万を超える高価な商品なら当選者は数名（3名以上）」「数百円～数千円など安価なものなら数十名～100名など多いほどよい」という考え方で、賞品内容や当選者数を決定してください。

Instagramキャンペーン全体に対して言えることですが、賞品内容や当選者の数はもちろん、プレゼントを渡す方法（郵送なのかorお店での手渡し等）、業種（万人向けor女性向け等）、ターゲットの母数（地域限定or全国等）、その他の外部要因など、さまざまな理由で結果が変化します。そのため、他社との単純な相対比較が難しい部分になります。そのため、**自社で何度かキャンペーンを実施して数値を貯め、自社のキャンペーンどうしで比較・検証していく**ようにするとよいでしょう。

07

コミュニケーションの分析指標①
「スタンプ反応率」

次に、本書の大きなテーマである、Instagramにおけるコミュニケーションの分析指標について解説します。Instagramでのコミュニケーションには、コメントやDMのやり取り、ストーリーズのスタンプ機能の活用、UGCなどがあります。UGCについては、前節のキャンペーンの分析を含めここまでに何度も触れてきているので省略し、本節でストーリーズのスタンプ機能の分析について、次節ではコメントやDMの分析について、それぞれお伝えします。

ストーリーズのスタンプ機能を分析する場合、ユーザーがスタンプに反応した「スタンプ反応率」を指標として分析することになります。**「スタンプ反応率」は、ストーリーズを見たユーザーのうち、スタンプに回答したユーザーの割合**です。

「スタンプ反応率」の計算式は、次のようになります。

スタンプ反応率＝スタンプ反応数÷ストーリーズのリーチ数

最低限、月ごとに各ストーリーズの反応率をまとめ、月平均を把握しておくことが必要です。それに加えて、投稿の翌日（ストーリーズが24時間経過して消滅した直後）に、コンテンツごとに計算し、日々分析ができるとよいでしょう。

アンケート・クイズ・スライダー・リアクションなど、タップ1つで参加・反応できるようなライトなスタンプの場合、フォロワーの規模感にもよりますが、概ね**5〜10％程度**あれば合格ラインと言えます。リンクスタンプでは**3〜5％程度**を目指してください。質問スタンプは、文章を考えて回答する必要があるため回答のハードルが上がります。そのため、質問スタンプの場合は**1〜3％程度**あれば合格ラインという認識で分析してください。

▼スタンプ反応率が低い場合の改善手法

スタンプ反応率が低い場合の改善手法として、「都合のよいときだけ更新していないか」という点を振り返ってみてください。例えば、普段あまり投稿をしないのに、自分がアンケートを取りたいときにだけストーリーズを更新する、といった都合のよい運用をしていると、アルゴリズム的にもフォロワーに優先表示されづらく、フォロワー側からしても心理的に距離を感じるので、スタンプに対して反応しづらくなります。そのため、普段から気軽にストーリーズを投稿することを心がけてください。ストーリーズは24時間で消えるため、フィードやリールほどコンテンツに凝る必要はありません。悩むくらいなら投稿する、というスタンスで運用するとよいでしょう。

フィードやリールを毎日更新するのは難しくても、ストーリーズを日々更新することで、フォロワーに存在を認識されている状態を作ることができます。自分でもフォロワーのスタンプに反応するなどのアクションを積極的に起こしつつ、フォロワーとの距離感を詰めておいた上でスタンプ付きのストーリーズを投稿すると、反応してもらいやすくなります。ソーシャルメディアも人対人の世界なので、**「返報性の原理（相手から何かを受け取ったときに自分も返さないと申し訳ないという気持ちになる心理効果のこと）」を意識して行動することは大切**です。またストーリーズでは、CTAを強化することも重要です。例えば、「○○な方はスタンプを押して」と明確に記載したり、「押すと結果がわかる」などと記載してタップを誘導したり、「ここを押す」ということがわかるようにGIFスタンプを入れるデザインにするといったことも、単純ではありますが効果的です。

スタンプのCTA強化例

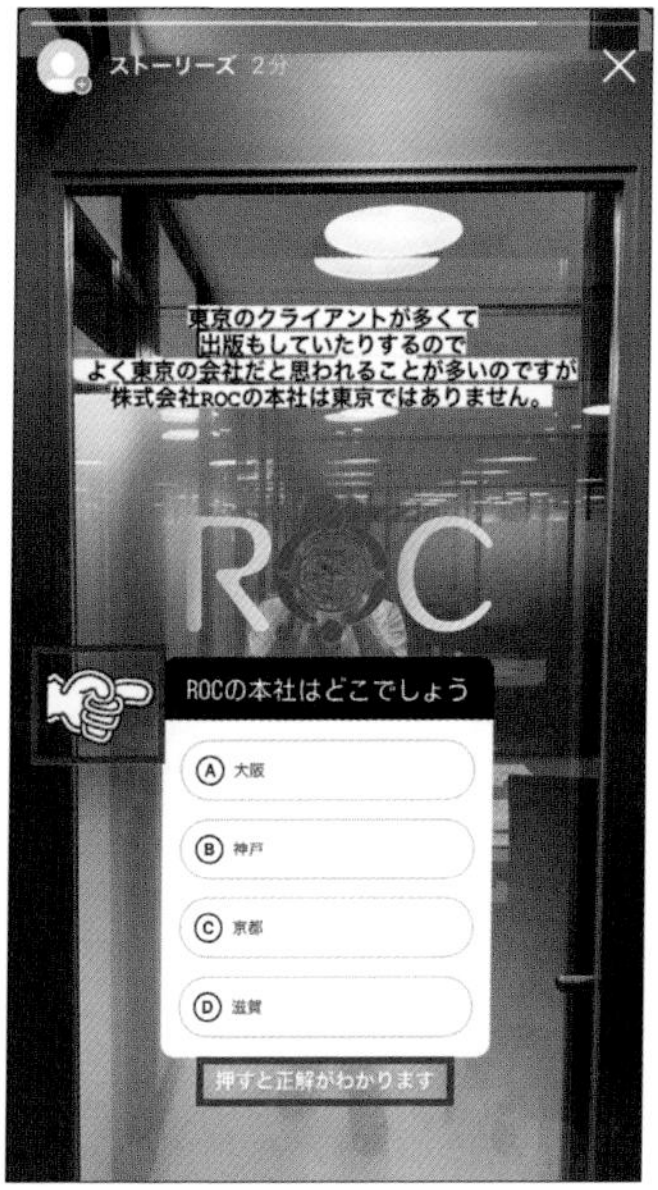

08

コミュニケーションの分析指標②
「返信率」「センチメント率」

次に、コミュニケーションの分析指標の2つ目、コメントやDMの分析指標についてです。すでに何度も述べているように、Instagramを含むソーシャルメディアでは**「会話も1つのコンテンツ」**と考え、ユーザーとコミュニケーションを取り、ファン作りを行う意識が重要です。そのため、一部の不適切なコメントやDMを除き、返信率が100%に近いほど、よい状態であると言えます。

このように、獲得したコメントやDMのうち返信した割合を表す分析指標が「返信率」です。「返信率」の計算式は、次のようになります。

コメント返信率＝返信数÷コメント数

DM返信率＝返信数÷DM数

式に使用するコメント数やDM数は、各投稿のインサイトを直接確認して手作業でカウントする必要があります。また、ソーシャルメディアマーケティング会社などが提供している分析ツールによっては、期間を指定して集計してくれるものがあるかもしれません。

筆者としては、前者の「手作業でカウントする方法」をおすすめしています。なぜなら、分析ツールによる集計の場合、システム的な理由で、広告経由で獲得したコメントなど一部のリアクションがカウントされない場合があるからです（この返信率の計算時については、広告で獲得したコメントの数も含めるようにしてください）。もちろん、すべてのコメントを集計してくれるツールであれば問題ありません。契約している分析ツールの提供会社に確認を取りつつ、自社の現状に合った方法で対応してください。

「返信率」は、月単位で集計できていればOKですが、単に返信すればよいというわけではありません。レスポンスのスピードも重要です。例えば貯まったコメントやDMに、週に1回一気に返信するといった形ではなく、**毎営業日ごとに返信対応を行うべき**です。また、ブランドに対して親近感を持ってもらい、ひいてはファンになってもらうためにも、できるだけタイムラグが少なく、すぐに反応することが重要なのです。

筆者の会社では、パッシブサポートやアクティブサポートを代行する業務も行っていますが、そこでは、**毎営業日の午前に前日分（前日の0:00-23:59までについたもの）のコメントとDMのリストアップを行い、それに対して午後に返信案を検討し、営業時間内に随時返信をしていく**、といった形で対応しています。このようなルーティーンを実施できる体制を作っていきましょう。

日本では、いまだにInstagramを宣伝ツールのひとつと捉えている企業が多いため、「ソーシャルメディアってそんなに張り付いて対応しないといけないんだ」と驚いた方もいるかもしれません。そもそもInstagramは宣伝ツールではなく、ファン作りのコミュニケーションツールのため、それくらいの工数をかけられる運用体制を作ることが必要なのです。

▼コメントやDMを分類してコントロールする

毎営業日コメントやDMの返信ができる体制を構築できても、スパムなどを含むネガティブな内容のものばかりだと、返信したくてもできなかったり、しない方がよかったりします。しかし、ネガティブな内容のコメントやDMは、ソーシャルメディアだけの問題ではありません。例えば、商品やサービス自体がクレームの対象になり、コメントなどアクションを起こしやすいソーシャルメディアにクレームが集まってしまうといったことも考えられます。こうした問題はアカウントの担当者だけでコントロールできるものではなく、他部署や上長を巻き込んで対応するべき場合もあります。

一方、「自分のアカウントにどのような反応が集まっているのか」を把握しておくことで、事前に炎上の予兆を把握し、燃え広がる前に対処できる、といった効果も期待できます。**各コメントやDMを「ポジティブ」「ニュートラル」「ネガティブ」で分類し、その各割合を把握しておくのです。この割合のことを、「センチメント率」と言います。**コメントやDMの数が多いアカウントの場合は日ごと、そこまで数がない場合は週単位、日や週ごとが難しい場合でも月単位では把握しておけるとよいでしょう。

センチメント率＝コメントやDMを「ポジティブ」「ニュートラル」「ネガティブ」で分類した割合

例えば「ネガティブ」に分類されるコメントが多くなってきたと感じた場合、火種が燃え広がる前に原因を把握し公式に声明を出したり、ネガティブコメントをしているユーザーが複数回コメントをしてきているような場合は、今以上に燃えないように個別で対処したりといった対応が考えられます。反対に「ポジティブ」に分類されるコメントが多い場合は、集計してコンテンツ作成に活かすこともできます。

また、ユーザーとの間で積極的にコミュニケーションを取り、ファン作りができていると、ポジティブな反応の割合が高まり、ネガティブなことを書き込んでくるユーザーの居心地が悪くなります。そのため、結果的にネガティブな反応の割合が減っていきます。中には、ファンのユーザーがネガティブコメントをしているユーザーに返信をして戦ってくれるようなこともあります。

本書の最後となる第7章では、投稿コンテンツの分析と改善、プロフィールの分析と改善、キャンペーンや広告の分析と改善、コミュニケーションの分析と改善についてお伝えしてきました。本章の冒頭でお伝えした通り、**ソーシャルメディア運用は、「目標を設定して、それに向かって運用し、運用した内容を定期分析し、その分析結果に基づいて出した改善案に沿って、さらに運用していく」という流れを繰り返していくこと**が重要です。「やったらやりっぱなしで、なんとなく運用している」という状態は、本書をきっかけにやめてください。

そして、**この「運用→分析→改善」の流れを、少なくとも月に1周は行うようにしてください**。それをしていれば、自ずとよい方向に向かっていくはずです。

読者の皆さんが、Instagram 運用において設定した目標に近づけることを願って、本書最後の第7章を締めさせていただきます。

Epilogue

おわりに

最後までお読みいただき、ありがとうございました。

私が経営する会社では、ソーシャルメディアのソリューションサービスとして、投稿コンテンツの企画や制作、広告の運用、キャンペーンの企画運営など「企業アカウントの運用代行」がメインサービスの1つになっています。

しかし、ソーシャルメディア運用が向かうべき場所は、その企業内での「内製化」だと考えています。なぜなら、その企業のことを一番わかっているのは、その中にいる人たちだからです。

中でも、その企業の経営層がもっとも自社のことを理解しているはずなので、CxOなどの役員陣が直々にソーシャルメディア運用の管轄をすべきだと考えています。それくらい現代におけるソーシャルメディアの重要度は高い、ということです。

究極には、内製化がソーシャルメディア運用のあるべき姿だと、この事業を始めた2014年から信じています。そのため、私たちはメインのソリューションサービスの提供以外にも、SaaS事業として分析ツール（Repostaなど）の開発・販売をしたり、セミナーや講演、出版、メディア出演なども積極的に行い、企業がソーシャルメディア運用を正しく内製化できるよう活動をしています。

すべての消費者が無自覚にインフルエンサーとなっている現代。発信者が増え、コンテンツは飽和状態のため、「会話も1つのコンテンツ」と捉えてコミュニケーションで差別化していかなければなりません。

現代の消費者は「1I4A」の流れで、「発信する消費者」の投稿（UGC）を経由して企業やブランドを認識し、自ら検索も行いながら複数回そのブランドに関する情報に触れる中で自分自身を納得させ、購買行動を起こします。その後、推奨（新たなUGC）によって、強い影響力を伴って拡散していきます。

フォロワー数に関係なく、またInstagram内かリアルかを問わず、消費者は日々大小様々なコミュニティに発信しています。企業は、それを認識して立ち回らないといけません。具体的には、もっとコンテンツやコミュニケーションの中で定型的ではない人間的な側面を見せていくことはもちろん、企業ブランドに合うインフルエンサーにPRを依頼したり、すでに企業や商品のファンになっている消費者を「アンバサダー」として巻き込み、ブランドを協創する形で商品開発やPRに関わってもらう、という方法も考えられます。

このような本書でお伝えしてきた内容は、Instagramをはじめとするソーシャルメディア運用の土台となる本質的な思考法です。最後まで読んでくださった皆さんには、その必要な思考法がすでに身につき、「2.0」へとアップデートされているはずです。

最後に、ぜひ「#インスタ思考法2」のハッシュタグと、私のアカウント（@genxsho）をメンションして、本書の感想などを投稿していただけるとうれしいです。

読者の皆さんの投稿が、私にとっては大切なUGCになります。アカウント内で取り上げさせていただくのは当然ですが、ぜひUGCを介してコミュニケーションしましょう！皆さんとのやり取りを楽しみにしています。

＊

ページに余裕があったので、この場を借りて、最後に感謝を伝えさせてください。

まずは、本書の編集担当である大和田さんをはじめとする出版社の皆さま。

特に大和田さんは、私の1作目の書籍である「Facebookを最強の営業ツールに変える本」からのお付き合いで、かれこれ10年ほどになります。大和田さんが1作目の企画を通してくださったからこそ、他の書籍や本書の出版にもつながり、今の私のビジネス書作家としての人生があります。出版した書籍によって多くのクライアントや社員たちとのご縁にも恵まれたので、本当に感謝してもしきれません。ありがとうございます。

次に、私が創業した会社で働くことを選んで、日々がんばってくれている社員たち。各ステークホルダーがポジティブな効果を得られるよう、会社の顔となって、書籍出版を含めた広告塔の役割をするのも、CEOである自分の役目だと思っています。それを理解して執筆活動に時間を割けるよう、各々がそれぞれのポジションで日々最大限に動いてくれていて、感謝しています。会社経営をしながら書籍を出版できるのはみんなのおかげだし、書籍経由で興味を持ってお問い合わせくださったお客様に、迅速に対応できるのもみんなのおかげでしかありません。本当にありがとう。

そして、何事にもこだわりの強い自分を毎日支えてくれる妻と、日々ドタバタながらも癒やしをくれる2人の息子へ。

家族がいるからこそ、本業である数社の会社経営に加えて、年間数冊出版するという、一見無茶な仕事の組み方ができています（1人ではここまでがんばれない）。

妻はもちろん出版した本は読んでくれていると思いますが、現在3歳と0歳の息子たちにも、将来読んでみてほしいと思っています。自分が書く本の内容を2人が理解して読めるようになるのは、早くとも15年は先だと思うから、表面的な内容はもしかしたら古くなっているかもしれないけど、何年たっても変わらない本質を言語化するように心がけて書いています。

どの本を読むときもそうだけど、表面だけをすくうのではなく、「書いている人は何を伝えたくてこの本を書いたんだろう」と深くまで思考を巡らせることができると、読書は楽しいです。また、書籍の最後のページに記載されている発行日の3～6ヶ月くらい前に、どの本も原稿が書かれているはずです。その時の社会情勢など世の中の動きとリンクさせながら読めると、より理解が深まると思います。

少し脱線しましたが、家族にも本当に感謝しかありません。ありがとう。

そして、掲載許可をくださった企業さまやインフルエンサーの皆さま。

事例がなければ成り立たないページが多くあったため、掲載にご協力いただけたこと、本当に感謝しております。

そして、最後に読者の皆さま。

「人に読まれてこそ本は完成する」と思っているので、読者の皆さまに読んでいただけたことが、なによりの報いであり感謝です。どこか一部分でも読者の皆さまの記憶に残り、これからのInstagramを含むソーシャルメディア運用のお役に立てれば、これ以上にうれしいことはありません。

本書に関わってくださったすべての方々へ、本当に感謝の気持ちでいっぱいです。

ありがとうございました!

坂本 翔

■著者プロフィール

坂本 翔（さかもと しょう）

株式会社 ROC 代表取締役 CEO・ファウンダー

1990年生まれ、神戸市出身の起業家・ビジネス書作家。

23歳で兵庫県内最年少の行政書士として起業するも、主催イベントに延べ 1,100名以上を SNS 集客した実績をきっかけに、SNS マーケティング事業を創業。

25歳で商業出版を実現。著書は海外翻訳もされており、計 20 万部を突破。

様々な企業の SNS 施策を担当しながら、SNS マーケティングや起業をテーマにした講演活動を行う。SNS に詳しい IT ジャーナリストとして、テレビや週刊誌などメディア実績も多数。

著書に「Facebook を最強の営業ツールに変える本」（技術評論社）「Instagram でビジネスを変える最強の思考法」（技術評論社）「独学脳」（ぱる出版）「Instagram 活用ワザ 100」（宝島社）、監修書に「SNS マーケティング見るだけノート」（宝島社）「SNS マーケティング大全」（ぱる出版）などがある。

■お問い合わせについて
本書の内容に関するご質問は、下記の宛先までFAXまたは書面にてお送りください。なお電話によるご質問、および本書に記載されている内容以外の事柄に関するご質問にはお答えできかねます。あらかじめご了承ください。
■連絡先
〒162-0846
新宿区市谷左内町21-13
株式会社技術評論社　書籍編集部
「インスタ思考法2.0　Instagramでファンを生み出す最強の思考法」質問係
FAX番号　03-3513-6167
なお、ご質問の際に記載いただいた個人情報は、ご質問の返答以外の目的には使用いたしません。また、ご質問の返答後は速やかに破棄させていただきます。

・ブックデザイン／菊池祐（株式会社ライラック）
・レイアウト・本文デザイン／株式会社ライラック
・編集／大和田洋平
技術評論社Webページ　https://book.gihyo.jp/116

インスタ思考法《しこうほう》2.0
Instagram《インスタグラム》でファンを生《う》み出《だ》す最強《さいきょう》の思考法《しこうほう》

2024年1月26日　初版　第1刷発行
2024年1月27日　初版　第2刷発行

著　者　坂本 翔《さかもとしょう》
発行者　片岡　巌
発行所　株式会社技術評論社
東京都新宿区市谷左内町21-13
電話　03-3513-6150　販売促進部
03-3513-6160　書籍編集部
印刷／製本　港北メディアサービス株式会社

ISBN978-4-297-13913-1 C3055
Printed in Japan